AF463016

DE

L'ALIMENTATION DES PEUPLES,

DESTRUCTION

DES INSECTES.

IMPRIMERIE DE SCHILLER,
Faub. Montmartre, 11.

DE

L'ALIMENTATION

DES PEUPLES

ET DES

RÉSERVES DE GRAINS.

AVANCES SUR CÉRÉALES.

DESTRUCTION

DES INSECTES.

PAR M. DELAMARRE.

(Extrait du journal **LA PATRIE**.)

PARIS,
MICHEL LÉVY FRÈRES, LIBRAIRES-ÉDITEURS,
RUE VIVIENNE, 2 BIS.

1852.

INTRODUCTION.

L'alimentation régulière des peuples est la première condition de durée des gouvernemens. Toutes les fois qu'une disette a lieu, elle est aussitôt suivie d'émeutes et de catastrophes. Personne n'ignore que les différentes révolutions qui se sont accomplies en France, ont été la conséquence plus ou moins directe d'une disette et d'une excessive élévation du prix des grains.

L'inconstance des récoltes, tantôt trop abondantes, tantôt de beaucoup inférieures aux besoins, est la seule cause des disettes. En effet, les céréales étant un produit lourd et encombrant, l'exportation, en cas de surabondance, ne peut s'en opérer qu'à vil prix, tandis que l'importation et les transports, dans les temps de déficit, en augmentent démesurément la valeur.

Il en résulte qu'une trop belle récolte n'est guère moins funeste qu'une récolte insuffisante.

Les gouvernemens qui seraient garantis, pour une longue série d'années, contre les malheurs qu'entraînent les disettes, atteindraient rapidement le plus haut degré de puissance et de prospérité.

Frappé depuis longtemps de ces vérités, nous nous sommes demandé si, à l'aide de certaines mesures, on ne pourrait pas prévenir le retour de ces années si fatales aux gouvernemens et aux populations laborieuses et pauvres, trop souvent décimées par la misère et la faim.

Une étude approfondie de la matière nous permet de croire, sans nous faire illusion, que ces moyens existent, et qu'il est possible, en France comme dans tous les autres Etats de l'Europe, d'empêcher le retour de semblables calamités.

Le problème consistait à trouver le moyen pratique de parer aux inconvéniens résultant des alternatives d'abondance ou de déficit. En d'autres termes, il s'agissait de constituer des réserves de blés sur les lieux mêmes de production, réserves destinées à la consommation pendant les années de déficit.

Nous avons indiqué dans ce but une série de mesures commerciales, agricoles et financières, étroitement liées entre elles, et formant un système complet et infaillible d'alimentation régulière.

Mais ce n'est pas tout. Nous avons compris qu'il ne suffisait pas d'indiquer les moyens de constituer des réserves de blés, qu'il fallait encore assurer la conservation de ces blés en les mettant à l'abri des ravages des insectes.

Dans ce but, nous avons proposé des mesures qui nous ont paru efficaces. Malheureusement, les connaissances pratiques en pareille matière sont encore bien incomplètes. Mais que ne peuvent faire la science et l'esprit de recherche stimulés par l'appât du gain ?

Nous avons pensé qu'il est du devoir aussi bien que de l'intérêt du gouvernement, de provoquer ces recherches en promettant solennellement de très fortes primes à tous ceux dont les découvertes contribueraient à préserver les denrées alimentaires, et particulièrement les blés, des funestes atteintes des insectes destructeurs.

Tel est l'exposé sommaire du système essentiellement pratique que nous présentons.

Nous le soumettons avec confiance à l'appréciation des hommes d'Etat, car il touche à une question bien importante et sans cesse à l'ordre du jour : celle de la sécurité des peuples et des gouvernemens.

Sous ce rapport, notre travail est bien autrement *politique*, dans la grande et belle acception du mot, que ne pourrait l'être tel ou tel article écrit sous l'inspiration de l'esprit de parti.

Nous le soumettons aussi sans trop de craintes aux économistes et aux hommes spéciaux, que ces graves questions intéressent plus particulièrement. Les adhésions que nos idées ont reçues, les lettres nombreuses qui nous ont été adressées par des agriculteurs expérimentés et de modestes cultivateurs, nous ont prouvé surabondamment qu'en écrivant ces observations, nous nous étions placé au cœur de la question la plus palpitante et la plus fondamentale.

Ce sont ces adhésions, ce concours inespéré qui nous ont engagé à réunir ces divers articles, déjà publiés dans la *Patrie*, en une seule collection que nous offrons aujourd'hui au public.

Cette petite brochure vient naturellement se placer à côté de celle que nous avons publiée, il y a quelque temps, sous le titre de *la Vie à bon marché*. On y remarquera les mêmes défauts, c'est à dire des répétitions et des incorrections inévitables dans un journal.

Nous avons jugé inutile de les faire disparaître de la brochure, et, cette fois encore, nous en appelons à la bienveillance du lecteur.

DE

L'ALIMENTATION DES PEUPLES.

I.

Détresse affreuse de 1847. — Baisse désastreuse du prix des grains en 1850 et 1851. — Ces alternatives sont trop fréquentes en France. — Peut-on les éviter? — Nécessité de procurer des capitaux aux cultivateurs. — Difficultés actuelles. — Elles rendent toute amélioration impossible. — L'abondance, cause de détresse comme la disette. — Etranges oscillations du prix des grains. — Leurs causes. — Il faut donner satisfaction aux intérêts de l'agriculture. — Quelques chiffres. — La législation anglaise. — Nécessité de créer des institutions nouvelles et invariables. — Une grave erreur. — La France achète un peu plus de blé qu'elle n'en vend. — Tableau comparatif des importations et des exportations. — Pourquoi nous voulons supprimer toute exportation de grains. — Prix normal du blé. — Explications. — Exportation en 1851. — Nous vendons bon marché et achetons cher. — L'exportation agit à l'aveugle Nous ne portons pas atteinte à la liberté du travail et du négoce. — Il faut organiser l'emprunt sur consignation. — Bienfaits d'une pareille création.

Une détresse déplorable, une misère affreuse ont pesé sur nos populations ouvrières, en 1847, par suite de la cherté excessive des grains; et en 1850 et 1851, une baisse désastreuse a placé les agriculteurs dans la plus triste situation. Ces cruelles alternatives sont trop fréquentes en France. Est-il des moyens de les éviter, de prévenir de si terribles calamités? Nous le croyons fermement, comme nous croyons qu'il est possible de rendre notre agriculture régulièrement florissante et prospère. C'est ce que nous nous proposons de démontrer.

L'état d'infériorité de l'agriculture, en France, tient surtout à la difficulté que trouvent les cultivateurs à se procurer les capitaux, sans lesquels tout travail est arrêté dans son développement. Non seulement le crédit ordinaire, celui qui est basé , ainsi que l'indique son nom, sur la confiance seule inspirée par l'emprunteur, n'existe pas et ne saurait exister pour le laborieux artisan qui cultive la terre; mais encore celui-ci ne peut pas même offrir en garantie, pour l'obtention des capitaux qui lui sont nécessaires, les produits de sa culture, alors que ces produits surabondent et sont délaissés par la consommation.

Le manufacturier, le fabricant, le négociant, peuvent contracter et contractent en effet, avec la plus grande facilité, des emprunts d'argent, sur consignation de marchandises, et les capitaux qu'ils se procurent ainsi leur permettent des opérations qui, sans cette ressource, leur seraient impossibles. Seul, le cultivateur, dont les produits encombrent les greniers et les granges, n'a pu, jusqu'à ce moment, les donner comme garantie d'une avance de fonds. Si la consommation est momentanément suspendue ou tempérée par l'abondance des récoltes, le cultivateur qui ne vend point ses produits et se trouve dans l'impossibilité de les utiliser, éprouve le supplice de Tantale et ressent les effets de la pauvreté au milieu de la plus riche abondance.

Cette pénurie oppose un obstacle insurmontable à la réalisation de toutes les améliorations, même des plus simples et des plus indispensables, dans le travail agricole : elle n'est pas moins nuisible au consommateur qu'au producteur lui-même. C'est seulement en offrant à vil prix les denrées à la spéculation, lorsque la consommation ne peut les absorber, que le producteur parvient à s'en défaire, et le produit de ses labeurs est perdu pour lui.

Bien plus : l'abondance est presque toujours une cause de détresse pour le cultivateur, qui, afin d'acquitter, à des époques fixes, le loyer de ses terres, est forcé de vendre à contre-temps, quelquefois en pleine baisse. Or, lorsqu'une denrée est déjà en baisse sur les marchés, toute nouvelle offre de la denrée produit une débâcle. Chose inouïe, et que bien des gens ignorent, il suffit quelquefois d'un excédant d'un vingtième ou d'un trentième sur la récolte pour déterminer des baisses d'un quart, d'un tiers, et quelquefois plus sur le prix normal. Nous n'en dirons pas davantage sur ces effets désastreux : ceux qui en ont souffert ne les connaissent que trop.

Il nous paraît facile de donner sur tous les points satisfaction aux intérêts de l'agriculture, et d'introduire dans cette branche si importante du travail, non-seulement plus de régularité dans les cours, mais encore une partie des avantages de crédit dont jouissent les négocians.

Les produits de l'agriculture sont sans contredit ceux dont la valeur éprouve les variations les plus considérables. Entre les *maxima* et les *minima* du prix des blés, l'écart, à peu d'années de distance, atteint des proportions inouïes. Nous avons vu le blé vendu couramment, en 1847, cinquante francs l'hectolitre, et jusqu'à soixante francs dans certaines contrées; et pendant les années suivantes, nous avons vu le même blé se placer difficilement au prix de onze à douze francs. Cependant, le blé est de toutes les denrées, celle dont la production, en moyenne, est plus régulière, bien qu'elle varie quelquefois notablement d'une année à l'autre. Ces fluctuations ruinent alternativement le consommateur et le producteur; il faut les faire cesser.

Pendant l'année qui vient de s'écouler, le prix du blé est demeuré constamment très bas, et il fût tombé certainement bien au-dessous de ce qu'il a été, si des achats considérables, opérés par des étrangers, n'étaient venus soutenir sur les marchés le prix de la denrée. Les quantités de céréales françaises, exportées en 1851, se sont élevées à plus de cinq millions et demi d'hectolitres. C'est environ un dix-huitième de la production annuelle de la France. Il est facile de calculer ce qui fût arrivé si la législation anglaise, récemment réformée, n'avait pas ouvert ce débouché à notre agriculture : celle-ci a considérablement souffert, sans doute; mais sans cet enlèvement extraordinaire, elle eût éprouvé des dommages mortels. On ne saurait trop se féliciter de voir qu'elle a pu y échapper. On constate avec bonheur les moyens à l'aide desquels un encombrement funeste a été évité ; mais ceci ne doit pas nous inspirer une sécurité trompeuse, qui pourrait devenir fatale.

Aujourd'hui la législation anglaise permet l'importation en Angleterre des grains étrangers; mais cette législation, qui n'a jamais été acceptée définitivement par les grands propriétaires et tenanciers anglais, peut, dans un prochain avenir, être profondément modifiée, rendre l'importation impossible et fermer ainsi le débouché auquel notre agriculture, cette année, a dû peut-être son salut.

Il faut prévenir tous ces malheurs par la création d'institutions stables, fixes et invariables, propres à placer nos agriculteurs à l'abri de toutes les éventualités funestes.

Beaucoup de personnes en France croient et répètent que la production française des céréales dépasse de beaucoup la consommation, et attribuent à cette cause les encombremens qui se manifestent à intervalles inégaux. C'est là une erreur capitale, et il suffit d'un coup d'œil jeté sur les *Tableaux du commerce extérieur de la France*, publiés annuellement par l'administration des douanes, pour reconnaître que, bien loin de fournir habituellement des céréales aux étrangers, la France leur en achète un peu plus qu'elle ne leur en vend (1). La vérité est

(1) Nous croyons devoir donner les chiffres comparatifs des importations et des exportations, depuis 1827, des céréales (froment, épautre et méteil). Voici ces chiffres exprimés par hectolitres :

Années.	Exportations.	Importations.
1827	32,793	59,740
1828	65,743	1,133,970
1829	62,133	1,609,783
1830	2,773	1,936,936
1831	97,713	1,050,216
1832	40,786	4,211,306
1833	40,624	5,302
1834	52,095	442
1835	35,796	422
1836	37,708	220,451
1837	60,301	284,996
1838	296,673	89,298
1839	452,440	1,153,293
1840	15,719	2,111,770
1841	470,468	155,786
1842	538,312	555,988
1843	94,004	2,018,257
1844	105,234	2,463,966
1845	160,021	747,513
1846	26,852	4,809,025
1847	59,298	8,846,315
1848	996,114	1,234,471
1849	1,504,780	4,044
1850	1,965,994	585
Totaux. . .	7,214,374	34,713,875

Ainsi, pendant la période décennale de 1827 à 1836, la France n'a exporté annuellement en moyenne que 47,000 hectolitres de grains français, tandis qu'elle a importé plus de 1,022,000 hectolitres de grains étrangers. C'est à dire que l'importation a dépassé annuellement l'exportation de près d'un million d'hectolitres. Pendant la période décennale de 1837 à 1846 les exportations ont été en moyenne de 222,000 hectolitres, et les importations se

que la production de la France en céréales suffit à peine à sa consommation, et qu'une répartition plus égale des récoltes entre toutes les années ne laisserait qu'une place tout à fait insignifiante à l'importation étrangère et supprimerait toute exportation des grains français.

Mais, dira-t-on, pourquoi vouloir supprimer toute exportation des grains français? Par une raison fort simple. C'est que cette exportation se fait toujours à des prix excessivement bas et désastreux pour le producteur, qui vend à vil prix des grains que le consommateur rachètera plus tard à des prix fabuleusement exagérés. Le prix normal, rémunérateur, du blé en France, le prix suffisant pour que le cultivateur y trouve la juste récompense de son labeur et du loyer de sa terre, est le même que le prix nécessaire pour que l'ouvrier ne paie pas son pain trop cher : c'est dix-neuf francs en-

sont élevées à 1,440,000 hectolitres; soit 1,200,000 hectolitres de plus à l'importation qu'à l'exportation. Pendant les cinq dernières années qui viennent de s'écouler et dans lesquelles se trouve comprise la désastreuse année 1847, les exportations de grains français ont atteint 9,500,000 hectolitres au total; les importations de grains étrangers, en France, ont dépassé 10,000,000 d'hectolitres.

En résumé, pendant les vingt-quatre années écoulées de 1827 à 1850, les importations de céréales étrangères, en France, ont dépassé de 27,500,000 hectolitres les exportations de grains français en pays étrangers. En 1851, la France a exporté 4 millions 647,764 quintaux métriques de céréales françaises en pays étrangers,

Les chiffres qui précèdent, extraits des Tableaux officiels publiés par l'administration des douanes, sont ceux du *Commerce spécial*, c'est à dire ceux de la production et de la consommation françaises.

viron par hectolitre. La masse des travailleurs français, qui a payé son pain si cher en 1847, a donc perdu toute la différence entre le prix normal de dix-neuf francs et le prix excessif de cette époque; c'est à dire sur une quantité de neuf millions d'hectolitres, une somme qui ne peut guère être moindre de deux cents millions. La masse des consommateurs s'est donc appauvrie d'une somme égale : c'est ce qui peut expliquer une partie des malheurs survenus depuis cette époque.

En 1851, au contraire, les cultivateurs français ont exporté plus de cinq millions et demi d'hectolitres, au prix désastreux de douze francs, et peut-être moins encore. En évaluant à sept francs par hectolitre la différence entre le prix normal et le prix de vente, la perte de l'agriculture, déjà si souffrante, a dépassé trente-cinq millions en 1851. On voit, d'après ce qui précède, que l'exportation des grains est, en définitive, pour la France, une opération qui consiste à vendre bon marché pour racheter cher. L'exportation est accompagnée de la ruine du producteur qui vend au-dessous du prix coûtant, et elle prépare celle du consommateur, qui devra plus tard s'approvisionner à des prix démesurément élevés.

Il ne peut d'ailleurs entrer dans la pensée d'aucun homme sérieux de limiter l'exportation par des mesures législatives. Dans l'état actuel des choses, en l'absence de toutes garanties pour la subsistance des populations, en l'absence de toutes réserves de grains, l'exportation est le canal par où s'écoule le trop plein accidentel de la production; elle fonctionne comme une soupape de sûreté, destinée à prévenir ou faire cesser l'encombrement et à soulager l'agriculture : mais elle agit à l'aveugle, en opposition avec l'intérêt des consommateurs et des producteurs, qui sont contraints d'y avoir recours. Il y a lieu, sans doute, de la laisser subsister; mais en mettant à la portée des producteurs les instrumens et les institutions qui doivent les soustraire à la nécessité d'exporter leurs grains, à leur préjudice et au préjudice de la France.

Rien de plus simple et de plus facile à créer que ces institutions et ces instrumens; nous devons ajouter, rien de plus conforme à la liberté du travail et du négoce. Si au moment où l'encombrement se manifeste, l'agriculteur trouvait à emprunter de l'argent sur la consignation de ses récoltes, à un intérêt très modéré, il n'y a point de doute qu'il ne préférât ce mode d'acquisition de capitaux, à celui qui consiste dans une vente définitive, à à vil prix, de sa denrée. L'emprunt sur consignation, organisé d'une manière toute spéciale, lui permettrait de demeurer maître de son produit, et d'attendre, pour s'en dessaisir définitivement, le moment favorable; c'est à dire celui où les besoins de la consommation redonneraient au produit sa valeur normale. C'est donc l'emprunt sur consignation qu'il faut organiser en grand, d'une manière intelligente, au profit de l'agriculture.

Et ce n'est pas seulement aux emprunteurs que devrait profiter cette création. Celle-ci se lie intimement à l'adoption d'un bon système de préservation et de conservation des grains. Le public y trouverait l'avantage précieux d'une plus grande régularité dans les cours, et par conséquent dans les élémens de la subsistance du peuple. L'autorité y trouverait les moyens pratiques les plus faciles et les plus sûrs de résoudre, sans porter atteinte à la liberté du travail, la délicate et importante question des réserves de grains, comme préservatif des disettes. Les élémens d'une pareille création ne sont ni compliqués ni difficiles à réunir : la somme de capitaux à consacrer à cet objet ne saurait guère dépasser la limite des valeurs moyennes actuellement exportées en céréales. Quant au mode de la consignation qui peut avoir lieu également au domicile de l'emprunteur, ou dans des entrepôts spéciaux, suivant les besoins, les convenances des agriculteurs et des populations, ou les exigences des localités, ce sont autant de détails qui soulèvent des questions intéressantes. Nous les examinerons toutes incessamment.

II.

Causes des disettes et de la cherté des grains. — Perte de 80 à 100 millions. — Organisation des comptoirs de prêts sur consignation de blé. — Le crédit commercial n'existe point pour l'agriculture. — L'agriculture offre, cependant, toutes les garanties. — La production de la France, en céréales, est à peu près l'équivalent de la consommation. — L'équilibre entre les besoins et les récoltes de grains peut s'obtenir à l'aide de bonnes institutions. — Il faut que l'agriculture trouve de l'argent sur le blé. — Singulière anomalie. — Faveurs dont jouit le négociant. — Le cultivateur est trop loin du capitaliste. — Résultats des comptoirs de prêts. — Questions des réserves de grains. — M. Briaune.

La vraie, la bonne politique, ne s'occupe pas seulement de la tête et du cœur des peuples, elle veille aussi à la satisfaction de leurs appétits matériels. Il est un premier besoin, le plus impérieux de tous, c'est celui de l'estomac : s'il n'est point satisfait, il n'y a point de bonne politique possible.

Le plus ancien des livres, la Bible, nous montre le peuple juif souvent révolté contre Moïse, et toujours la révolte est engendrée par la disette. Chez tous les peuples il en fut ainsi. En France, les trois révolutions de 1789, 1830 et 1848 ont été préparées par les disettes des mêmes époques. La question des subsistances a de tout temps été à l'ordre du jour chez tous les peuples.

Si donc nous pouvons, par les articles que nous allons publier sur ce sujet, assurer aux populations le pain à bon marché, préparer la solution d'un des plus grands et des plus importans problèmes de la vraie politique, ou seulement attirer sur ce problème l'attention des gouvernans, nous croirons avoir rendu à notre pays et aux autres nations un éminent service.

Nous avons, dans le chapitre précédent, établi par des chiffres dont l'exactitude ne saurait être contestée, que la production du blé, en France, est, en moyenne, à peu près l'équivalent de la consommation. Si donc il y a parfois disette ou cherté des grains, cela tient à ce que, la nature ne donnant pas chaque année des récoltes exactement semblables en quantité, le grain, dans les années d'abondance, est prodigué pour la nourriture des bestiaux, employé avec excès aux usages industriels, ou exporté à vil prix, comme nous l'avons vu en 1850 et 1851. En ces deux années nos agriculteurs ont vendu à 12 fr. l'hectolitre, et peut-être moins encore, des blés produits au prix de 15 fr. de dépenses. Plus tard, l'an prochain peut-être, la France sera appelée à racheter aux étrangers ces blés ou leur équivalent à plus de 24 fr. l'hectolitre, sans compter les frais de transport.

Cette opération, qui a roulé sur plus de

six millions d'hectolitres, et qui ne se renouvelle que trop fréquemment, fait ou fera perdre aux producteurs et aux consommateurs réunis une somme de 80 à 100 millions. Nous croyons fermement qu'on peut éviter le renouvellement de ces pertes, ainsi que les disettes et les chertés de grains, si douloureuses pour les populations et à la fois si funestes à l'ordre public (1). On le peut en organisant, au profit des agriculteurs, des Comptoirs de prêts sur consignation de blé, qui feraient pénétrer le crédit dans l'atelier agricole et constitueraient en même temps la réserve générale de grains, la plus puissante et la seule possible : celle qui résulte d'un ensemble et

(1) En comparant entre elles les importations et les exportations des grains et farines depuis l'année **1827**, on trouve que l'importation de grains étrangers a dépassé de 5 à **600,000** hectolitres par an en moyenne l'exportation des grains français, ce qui semblerait indiquer que la France produit moins qu'elle ne consomme. Mais comme ce n'est que depuis **1846** que les grains français ont pu être admis à l'importation en Angleterre, on doit admettre que, avant cette époque, dans les années où le grain était très abondant en France, l'excédant était donné aux animaux ou employé dans l'industrie. La statistique officielle de la France évaluait en **1835** la consommation des animaux en froment, méteil, seigle et orge, à plus de **4** millions d'hectolitres, et celle des brasseries, distilleries, amidonneries, etc., à plus de **2** millions **700** mille hectolitres. Il a suffi de forcer un peu ces deux consommations dans les années d'abondance, pour absorber plus que le grain importé par l'étranger dans les années de cherté. D'où l'on peut conclure qu'en réalité il y a équilibre naturel entre la production et la consommation des grains en France. La bonne politique conseille donc de rendre cet équilibre effectif, en réservant les excédans des années abondantes pour combler les déficits des années de disette.

d'une grande multiplicité de réserves individuelles.

Eviter les disettes, c'est le plus grand bienfait que puissent recevoir les populations ; donner le crédit à l'agriculture, dans la mesure du possible, ce serait lui donner la vie.

Pour l'agriculteur, nous l'avons dit, le crédit commercial n'existe pas et ne peut point exister. Et cependant l'agriculture, en raison même de l'importance et de l'utilité de sa production, et les cultivateurs, par leur haute moralité, offrent aux prêteurs des garanties de restitution plus que suffisantes.

Mais les habitudes des travailleurs agricoles, la lenteur inévitable de leurs opérations, les placent, quant au crédit, dans une situation toute spéciale et très fâcheuse pour eux. Nous voulons la faire cesser autant que possible.

Il est démontré que, dans l'état actuel, la production de la France en céréales est à peu près l'équivalent de la consommation, et qu'au moyen de bonnes institutions on pourrait obtenir un équilibre parfait entre les besoins et les récoltes de grains. Il doit résulter de là, *pour les prêteurs* sur consignations, la certitude que jamais un encombrement excessif ne pourrait venir amoindrir leur gage, en dépréciant les valeurs agricoles, comme la chose arrive trop souvent, et inévitablement, pour les produits manufacturés, dont les quantités peuvent s'accroître en quelque sorte à l'infini.

Voici effectivement ce qui arrivera pour

les céréales : leur prix se régularisera, les cultivateurs n'auront plus à subir de baisses excessives, ni les consommateurs à souffrir des hausses extravagantes (1), aussitôt qu'en acquérant la possibilité d'emprunter de l'argent sur consignation, le cultivateur pourra échapper à l'obligation de vendre ses grains à vil prix.

Chose étrange ! C'est précisément l'industrie agricole, celle dont les produits, par leur régularité générale, et par suite des nécessités d'une alimentation permanente, sont sûrs de trouver un écoulement facile; c'est précisément, disons-nous, cette industrie dont les produits, par un singulier privilége, ne peuvent servir de gage à leurs possesseurs pour leur faire obtenir de l'argent à bas prix par l'emprunt. C'est le contraire qui devrait être. Le bonheur du peuple, la sécurité et la stabilité du gouvernement exigent que l'agriculteur trouve de l'argent sur son blé. Le jour où cette innovation sera réa-

(1) Il n'est pas du tout rare, aux époques de cherté, de voir s'élever subitement le blé à des prix excessifs par suite des craintes exagérées de la population. C'est ainsi qu'en 1847 le blé, dans certaines parties de la France, est monté même au-delà de 50 fr. l'hectolitre; en 1811 et en 1817 le prix était plus haut encore. Ces mouvemens désordonnés sont bien souvent déterminés par les actes de millions de petits consommateurs qui, craignant de manquer de pain, achètent bien au-delà de leurs besoins, et forcent ainsi l'élévation des prix. C'est là ce que nous appelons *les hausses extravagantes;* elles ne sont jamais de longue durée; mais ne se prolongeassent-elles que trois ou quatre semaines, ce temps est suffisant pour causer de cruelles souffrances.

lisée, le pays n'aura plus rien à craindre pour son alimentation.

Cette bizarrerie tient surtout, ainsi que nous l'avons dit, à ce que la culture n'a pas les habitudes du négoce et de l'industrie. A richesse et capacité égales, un industriel, un négociant trouvera plutôt cent mille francs à emprunter qu'un cultivateur dix mille francs.

L'existence du négociant est liée à la conservation de son crédit : c'est par le crédit que le négociant peut se soutenir et prospérer ; il est d'ailleurs justiciable du tribunal de commerce, et la rapidité avec laquelle il peut être contraint de payer lui rend les emprunts faciles, pour peu qu'il offre de garanties, de capacité et de moralité. Nous devons ajouter que le négociant a toujours une notable partie de son avoir disponible, soit en marchandises, soit de tout autre manière. Il n'en est pas de même de l'agriculteur dont l'actif mobilier n'est pas ordinairement réalisable, qui n'a pas les habitudes de ponctualité du négociant et moins encore ses habitudes d'ordre.

La comptabilité du négociant, ses inventaires, lui permettent et permettent aux prêteurs de connaître tout de suite l'état de ses affaires. L'agriculteur, en France, n'a point encore de comptabilité : il en ignore même en général les principes ; il ne connaît pas lui-même sa situation. Comment, dans cet état, trouverait-il à emprunter ?

D'ailleurs le cultivateur est trop loin du

capitaliste pour le connaître et pour en être connu; il faut les rapprocher l'un de l'autre en mettant le capital à la portée du cultivateur, et, pour ainsi dire, sous sa main. C'est l'œuvre qu'accompliront les Comptoirs de prêts sur consignation de céréales. Le cultivateur sera soustrait à la gêne excessive, et pour ainsi dire permanente, qui l'écrase, lorsqu'il pourra emprunter de l'argent sur son blé, sans être obligé de le vendre à vil prix, et en le conservant, jusqu'au moment de la vente, dans ses greniers.

Un décret récent du pouvoir exécutif autorise la création d'institutions de crédit foncier, qui nous paraissent appelées à rendre de très grands services aux propriétaires : ce sera l'un des bienfaits éclatans du nouveau régime, et il atteste la sollicitude du chef de l'Etat pour les intérêts de la propriété. Les établissemens de *crédit foncier* permettent aux propriétaires d'emprunter sur leurs immeubles; les Comptoirs de prêts permettront aux cultivateurs d'emprunter sur leurs valeurs *mobilières*. Les premiers devront produire les plus salutaires résultats; mais ils ne satisfont que très indirectement aux besoins des travailleurs non propriétaires; ils laissent une lacune à combler. Les Comptoirs de prêts sur consignation de céréales devront avoir pour effet primordial de faire cesser les disettes, en constituant autant de réserves qu'il y a de grandes cultures de céréales en France. Ces Comptoirs préviendront en même temps les baisses excessives du prix des grains; enfin, ils devront encore aider surtout le cultivateur, le travailleur des champs, et lui faciliter sa laborieuse tâche. Ces Comptoirs seront le commencement de l'organisation du *crédit agricole*, non moins utile et non moins nécessaire que ne l'est le *crédit foncier*.

On a parlé antérieurement de créer des bons hypothécaires par milliards : c'était simplement une utopie mise en avant par des hommes bien intentionnés, sans doute, et de très bonne foi, mais parfaitement inexpérimentés dans la pratique des affaires financières. Leurs propositions ont malheureusement séduit des gens sans expérience comme eux, et il importe de ne pas laisser subsister les idées fausses qu'elles ont semées dans les populations.

On ne crée point, avec succès, des milliards de valeurs par une loi ou par un décret. Tous les hommes de pratique savent qu'un papier destiné à faire l'office de monnaie doit, pour inspirer la confiance, représenter des valeurs actives. D'ailleurs, si intenses que soient les souffrances de l'agriculture, si grands que soient ses besoins, nous pensons que les unes peuvent être soulagées, et que les autres peuvent être satisfaits par l'emploi de moyens beaucoup moins héroïques, moins grandioses, c'est à dire beaucoup plus praticables : ceux qu'on proposait ne l'étaient point.

On peut rendre aux agriculteurs d'immenses services *en utilisant à leur profit la valeur de la portion de leurs récoltes*

qui, dans les années d'abondance, demeure sans emploi faute de consommateurs. C'est ce qu'avait fort bien compris un des agronomes les plus distingués de France, M. Briaune, qui, dans la dernière session du Congrès central d'agriculture, traitant avec une évidente supériorité la question des réserves de grains, s'exprimait ainsi :

« Il se fait une réserve naturelle de grains, quand, après une année de disette, surviennent une ou deux années d'abondance. Cette réserve subvient en tout ou en partie à la consommation pendant le laps de temps qui s'écoule entre la moisson et la fin des ensemencemens. Mais lorsque, par une succession de bonnes années, elle dépasse les besoins de cet intervalle, alors les prix s'avilissent et cette réserve s'entame, parce que le cultivateur, obligé, comme aujourd'hui, de vendre trois hectolitres pour avoir le prix de deux, à un cours moyen, offre une quantité supérieure aux besoins. Quand il ne peut vendre cet excédant, il en cherche l'écoulement dans la nourriture du bétail. Alors il perd sur les deux branches principales de la production rurale. Il serait aisé de prouver que l'agriculture perd aujourd'hui quinze pour cent ; trois années pareilles la ruineraient complétement ; car il n'est pas d'industrie qui puisse résister à une perte de quarante-cinq pour cent. »

Il nous paraît impossible d'exposer avec plus de netteté l'une des principales causes de l'avilissement des prix, d'où résulte la détresse de l'agriculture aux jours d'abondance excessive. M. Briaune n'est pas moins explicite ni moins précis dans l'exposé des moyens propres à prévenir de semblables calamités.

« Puisqu'au retour de l'abondance, dit M. Briaune, l'agriculture fait une réserve, il faut chercher les moyens de maintenir cette réserve. Le meilleur moyen est de permettre au cultivateur de trouver de l'argent sur ses excédans, sans être obligé de les jeter sur les marchés. Ce moyen, *c'est la consignation*. La Banque de France l'a senti (en 1848), et elle a voulu le mettre en pratique ; mais elle s'est adressée d'abord aux meuniers : or, ce sont eux qui ont le moins besoin de consignation, et ce sont les farines qui exigent le plus de frais de conservation. D'ailleurs, dans l'état actuel de la législation, elle a dû exiger le dépôt dans un entrepôt ; les frais ont été tellement considérables, qu'elle a été amenée à consigner chez le consignataire lui-même. Mais alors il a fallu, pour remplir les formalités exigées par les lois actuelles, que le magasin fût loué à la Banque, et qu'il y eût un acte de nantissement. Les frais d'acte ont forcé de renoncer à ce moyen. Un fait reste acquis, c'est que la Banque ne s'est pas refusée à consigner chez le consignataire lui-même. Eh bien ! si cette innovation a été faite en pure perte, c'est qu'au moment de la rédaction de nos lois commerciales, on n'avait pas songé à l'agriculture, qui n'était pas encore une industrie ; ses produits sont trop encombrans pour être consignés dans d'autres magasins que les siens propres. D'ailleurs, comme dans les années de disette les entrepôts seraient vides, il faudrait un loyer double. Ensuite, dans les greniers généraux, la conservation exige plus de main-d'œuvre que dans les greniers privés, où l'on n'emploie que des gens de la ferme, à leur temps perdu. Mais il faut une législation spéciale qui remplace pour le cultivateur les art. 93, 94, 95 du Code de commerce. Il faut que le cultivateur puisse consigner *dans son grenier*, sous la garantie des art. 401 et 406 du Code pénal contre la mauvaise foi, qui, d'ailleurs, ne peut être qu'une exception, et sous la garantie ordinaire du crédit : la moralité de l'emprunteur et l'existence de la marchandise.

» En livrant à l'escompte un billet à ordre à

90 jours, le commerçant atteste qu'il a en magasin tant de marchandises qui seront vendues avant le terme, et qu'alors il pourra payer son billet. On peut demander, pour la consignation des grains au domicile du cultivateur, des dispositions législatives qui, en réservant le privilége des propriétaires, permettent aux cultivateurs d'escompter le prix de leurs marchandises à vendre, en offrant des garanties plus précises que celles du commerçant, et une moralité toute aussi réelle, tout aussi grande. »

On le voit, l'institution des Comptoirs de prêts sur consignation de céréales se trouve en germe dans l'exposé fait au Congrès central d'agriculture.

III.

Organisation des Comptoirs de prêts agricoles. — Il n'en faut pas créer dans tous les cantons. — Evitons les frais inutiles. — Deux cents Comptoirs suffiraient. — Le capital du comptoir cantonal serait de cent mille francs, dont vingt mille francs en espèces et quatre-vingt mille francs en garanties hypothécaires. — Quatre millions en capital effectif et seize millions en capital nominal pour les 200 comptoirs. — Avances de 10 francs par hectolitre de blé. — Trente-cinq ou quarante Comptoirs départementaux au capital de deux cent mille francs, dont quarante mille francs en espèces et cent soixante mille francs en engagemens hypothécaires. — Mécanisme des opérations de tous les Comptoirs. — Leurs rapports avec la Banque de France. — Garantie des trois signatures. — Les prêts ne se font que pour trois mois seulement. — Faculté de renouvellement. — Garanties exigées de l'emprunteur. — Moralité. — Existence et conservation du gage. — Pénalité sévère. — Caution de deux répondans. — Mission des inspecteurs des Comptoirs. — Autres garanties. — Réponse à quelques objections.

Après avoir montré les désastres qui naissent pour l'agriculture de l'avilissement du prix des grains, et les périls immenses qui en résultent pour les gouvernemens et les populations; après avoir prouvé que ces désastres pourront être prévenus et ces périls conjurés par la création des Comptoirs de prêts sur consignation de céréales, nous allons exposer brièvement l'organisation qui pourrait être, à notre avis, donnée à ces Comptoirs de prêts agricoles.

Les quatre-vingt six départemens de la France comprennent trois cent soixante-trois arrondissemens subdivisés eux-mêmes en deux mille huit cents cantons environ. Cette division administrative peut servir d'indication pour la forme à adopter dans la création des Comptoirs de prêts. Ceux-ci, qui prendraient le nom de *Comptoirs cantonaux*, seraient, ainsi que l'indique leur nom, établis dans certains chefs-lieux de canton. Mais il ne serait pas nécessaire, et nous ne croyons pas qu'il soit possible, d'en créer dans tous indistinctement.

En effet, beaucoup de cantons sont exclusivement manufacturiers ou viticoles, forestiers ou herbagers; d'autres sont en position de ne pouvoir réclamer utilement les services du crédit sur consignation. En outre, un Comptoir cantonal pourrait aisément desservir plusieurs cantons. Il est nécessaire, d'ailleurs, de réduire les frais généraux de ces établissemens à la plus simple expression, et d'éviter les états-majors dispendieux. Par ces motifs, nous fixerions à deux cents environ le nombre des Comptoirs à créer.

On comprend facilement que l'agriculture de toutes les localités, même de celles où il n'existerait point de Comptoirs, ressentirait tout de suite l'heureux contre-coup de l'existence de ceux-ci, par suite du jeu naturel de la concurrence des capitaux. Même dans les cantons non pourvus de Comptoirs, les agriculteurs trouveraient pour emprunter des facilités qui leur ont été inconnues jusqu'ici.

Nous supposons que le capital de chaque Comptoir cantonal serait de 100 mille francs, dont 20,000 francs seraient versés en espèces et 80,000 francs fournis en garanties hypothécaires, soit : 4 millions en capital effectif et 16 millions en capital nominal pour les deux cents Comptoirs de France. Ces chiffres, d'ailleurs, ainsi que ceux qui vont suivre, n'ont rien d'absolu et pourraient être modifiés dans la pratique.

Les Comptoirs cantonaux prêteraient aux cultivateurs jusqu'à concurrence de dix francs par hectolitre de grains consignés. Ainsi les comptoirs, avec leur seul capital disponible, pourraient faire une avance de 4 millions de francs sur une quantité de 400,000 hectolitres de froment. Mais ils pourraient et devraient d'ailleurs opérer une masse de prêts bien supérieure à la somme de 4 millions de francs par l'escompte de leurs valeurs et d'après un mode que nous exposerons plus loin.

Nous indiquerons tout à l'heure comment et par qui pourrait être fournie la somme primitive de quatre millions en espèces et les seize millions d'engagemens hypothécaires, qui, ainsi que nous l'avons dit, nous paraissent plus que suffisans pour les besoins que sont appelés à satisfaire les Comptoirs de prêts.

A côté et au dessus des Comptoirs cantonaux seraient créés des Comptoirs départementaux au nombre de trente-cinq ou quarante environ, suivant les besoins (1), au capital de 200,000 fr., dont 40,000 fr. en espèces et 160,000 fr. en engagemens hypothécaires. Ces Comptoirs correspondraient directement avec les succursales de la Banque de France, qui escompteraient le papier des Comptoirs départementaux de prêts agricoles. Ainsi serait réalisée la garantie des trois signatures sérieuses, exigée par les statuts de la Banque de France. Elle résulterait 1° du billet souscrit au Comptoir cantonal par l'emprunteur; 2° de l'endos du Comptoir cantonal; 3° de l'endos du Comptoir départemental.

Il n'y a point à douter que dans certaines localités, commerciales ou industrielles, il ne se trouvât des banquiers disposés à escompter, moyennant une commission très modique, un demi pour cent, par an, soit un huitième pour trois mois, le papier des Comptoirs cantonaux, puisque ces derniers offriraient toutes les garanties de solvabilité désirables. Dans ces circonstances, l'établisse-

(1) Les départemens producteurs de céréales sont au nombre de moins de quarante; c'est ce qui nous détermine à choisir ce chiffre pour les Comptoirs départementaux à établir. Sans doute tous les départemens de la France produisent des céréales, mais le plus grand nombre n'en produit pas assez pour sa consommation. Il n'existe en réalité que seize départemens grands producteurs qui exportent des grains; ce sont les suivans; Eure-et-Loir, Seine-et-Marne, Oise, Isère, Vendée, Eure, Maine-et-Loire, Côtes-du-Nord, Vienne Aisne, Somme, Côte-d'Or, Marne, Cher, Finistère et Yonne.

ment des Comptoirs départementaux ne serait pas nécessaire ; des maisons de banque en feraient l'office : ainsi serait encore simplifiée l'organisation des prêts sur consignation de céréales.

La nature des opérations de l'agriculture est telle, que les emprunts faits par elle doivent être contractés pour un temps assez long. Mais comme les statuts de la Banque de France s'opposent avec raison à ce qu'elle puisse escompter le papier ayant plus de quatre-vingt-dix jours, les prêts seraient consentis pour trois mois seulement. Si, au terme fixé à l'emprunteur, ses grains n'étaient point vendus, il pourrait renouveler ses engagemens, et ce renouvellement s'opérerait sans autres frais que ceux du timbre du papier à billets.

Pour arriver à la pratique du prêt sur consignation de grains, il faut que le prêteur trouve chez l'emprunteur des garanties réelles et incontestables. Cette condition existe au plus haut degré dans l'espèce. Nous la trouvons,

1° Dans la moralité de l'emprunteur, moralité sur laquelle les administrateurs du Comptoir peuvent toujours se renseigner beaucoup mieux que ne peut le faire le capitaliste des villes relativement au négociant et à l'industriel ;

2° Dans l'existence et dans la conservation du gage sur lequel le prêt aura été consenti et opéré, existence qui pourrait toujours être constatée par l'inspecteur du Comptoir. Celui-ci ferait mesurer le grain sous ses yeux. Un tableau ou une plaque indiquant la main-mise du Comptoir sur le grain consigné serait apposé dans le grenier même et servirait d'avertissement aux acheteurs;

3° Dans la pénalité sévère qui atteindrait l'emprunteur s'il disposait furtivement du gage de son créancier ou si, pour obtenir un prêt d'argent, il ne craignait pas de faire une fausse déclaration : la pénalité pourrait atteindre également l'acquéreur de mauvaise foi qui aurait acheté sciemment du blé consigné aux Comptoirs ;

4° L'emprunteur devrait fournir au Comptoir cantonal la caution de deux répondans. L'action de ces deux répondans consisterait à affirmer, sous leur garantie personnelle, que les grains sur lesquels l'emprunteur désire obtenir de l'argent, existent réellement, chez lui, disponibles, en bon état et conformes à un échantillon déposé le jour où l'emprunt est demandé.

En outre, ces deux cautions affirmeraient la bonne foi, l'honorabilité de l'emprunteur et se rendraient garans solidaires qu'une vente subreptice, un enlèvement furtif des grains consignés ne seraient jamais opérés par lui. Nous n'avons pas besoin d'ajouter que les cautions, en cas de violation, par l'emprunteur, de ses engagemens, n'encourraient aucune pénalité individuelle, et que leur garantie serait simplement pécuniaire.

Quant à la qualité ultérieure du gage, bien évidemment les cautions n'en pourraient être responsables. Si, par exemple, le grain venait à s'avarier, il est clair que les cautions n'auraient point à en répondre. C'est aux inspecteurs des Comptoirs de veiller à la conservation de la qualité des grains. A la création des Comptoirs peut être rattachée, d'ailleurs, d'une manière intime, l'adoption et la généralisation d'un bon système de préservation et de conservation des grains : c'est une question sur laquelle nous reviendrons.

La sûreté des prêteurs pourrait être encore garantie en étendant, par subrogation, le privilége du propriétaire au Comptoir cantonal, relativement à l'emprunteur. On sait que ce privilége assure au propriétaire le paiement de ses loyers par préférence et préalablement à l'acquit de toute autre créance. La loi pourrait accorder aussi au Comptoir un droit de revendication des grains vendus subrepticement, à son préjudice, et assimiler le consignataire, pour ses grains consignés, au saisi gardien de ses meubles. Enfin, l'application des articles 406 et 408 du Code pénal au consignataire de mauvaise foi (1) garantirait surabondamment le Comptoir prêteur contre les fausses déclarations ou l'enlè-

(1) Les articles 408 et 406 applicables à l'espèce, portent, le premier : la peine de deux mois à deux ans de prison, plus une amende égale au quart des restitutions dues aux parties lésées ; le second permet d'infliger de un an à cinq ans de prison, plus une amende de 50 fr. à 500 fr., et l'interdiction des droits civiques ou civils pendant cinq ou dix ans.

vement furtif du gage sur lequel il aurait prêté. Dans une police délivrée à l'emprunteur seraient énumérées les conditions auxquelles est consenti le prêt, ainsi que les pénalités édictées contre tous les actes de mauvaise foi tendant à détourner, amoindrir, dénaturer ou détruire les grains consignés sur lesquels le Comptoir aurait prêté.

Quelques personnes ont prétendu qu'il n'y aurait pas de garanties suffisantes pour le prêteur si le gage demeurait entre les mains de l'emprunteur. Cette objection n'est pas sérieuse et l'on a pu voir, par tout ce qui précède, que les Comptoirs de prêts agricoles pourront avoir des sûretés que ne trouvent pas les banquiers, les capitalistes prêteurs sur hypothèques ou les escompteurs des valeurs commerciales.

En effet, il y a ici une garantie matérielle incontestable : c'est la complète disponibilité du gage et sa réalisation toujours facile (1).

(1) La conservation du gage entre les mains de l'emprunteur consignataire n'aurait rien d'insolite; elle pourrait simplement donner lieu à une législation spéciale, comme est d'ailleurs celle du commerce. Quant aux principes, le droit romain, fondement du nôtre, admet que le gage, comme obligation, peut être contracté non-seulement par la tradition, mais encore par la simple convention, quoiqu'il n'ait pas été livré.

Ce principe n'a pas été admis dans nos lois parce qu'en France les prêts sur valeurs mobilières ont d'abord été opérés par les juifs et que leur sûreté exigeait qu'ils fussent nantis par eux-mêmes pour éviter le dol, la violence et l'injustice. Le commerce qui a échappé le premier, à raison

Le Comptoir d'escompte de Paris a presque partout laissé le gage chez le débiteur et la clé dans ses mains, et le comptoir d'escompte n'en a pas souffert. Le débiteur saisi reste souvent pendant trois mois gardien de ses blés et de ses récoltes ; il considère le saisissant comme son ennemi, son persécuteur ; il est ruiné et tout prêt à céder aux suggestions de la

de ses nécessités mêmes, aux lois canoniques sur l'usure, a suivi d'abord l'usage en fournissant le nantissement réel, puis il est arrivé au nantissement fictif : la marchandise chez le commissionnaire à la vente a été présumée être en gage pour les avances et les frais de conservation. Plus tard on a été plus loin : la marchandise en route a été réputée dans les magasins du consignataire ; puis enfin la marchandise annoncée par lettre de voiture et sortie des magasins du consignateur.

Mais le commerce, ayant des juges commerçans, a tendu continuellement à se faire une jurisprudence en rapport avec ses besoins ; la jurisprudence une fois faite, a été l'*usage* et l'*usage* est devenu loi.

Lorsque l'usage a fait défaut au commerce, il a, par son habileté, sa concentration, son activité, obtenu des lois nouvelles. Ainsi, en 1848, l'établissement du Comptoir d'escompte n'a été, en définitive, que l'abolition de l'article 95 du Code de commerce, qui soumet les marchandises consignées dans une même ville aux dispositions des articles 2073 à 2084 du Code civil, et il ne faut pas douter que l'exception deviendra usage et loi pour le commerce.

Que l'on permette de consigner les grains au domicile même du débiteur, ou que l'on exempte le bail fictif du loyer et l'acte de nantissement des droits proportionnels, c'est à peu près la même chose en résultat. Mais la vérité dans la loi est préférable à la fiction permise, et la garantie est plus efficace. On peut donc faire, comme pour le crédit, une législation spéciale : car vouloir le progrès de la culture et la retenir commercialement dans les liens du moyen-âge, c'est vouloir deux choses contradictoires. Sous la question des céréales se trouve en tout temps le bien-être de la société ; aujourd'hui s'y trouve son salut.

misère. Et pourtant, combien sont rares les procès pour détournemens ! Le producteur qui conserve ses grains est en voie de prospérité, car il n'a pas besoin de tout le prix de sa chose ; il trouve dans le Comptoir un ami qui l'aide à spéculer pour en tirer un meilleur prix ; il ne met pas en gage comme au comptoir d'escompte , par besoin d'argent et faute de vendre : il refuse une vente à trop bas prix et il demande les moyens de pouvoir attendre le moment opportun. Son industrie en céréales est d'an à an. Il veut en prolonger le délai, mais sa fortune n'est point entamée. Cet état de l'emprunteur est une garantie de plus de la sécurité du prêteur.

IV.

Taux du prêt — Ravages de l'usure. — 4 0/0 par an. — Opérations financières. — Bénéfices des Comptoirs. — Limite de l'intervention du Trésor.— Résultats du renchérissement des céréales. — Exiguité du sacrifice fait par l'État. — Avantages énormes. — Exportation des grains en 1851. — Pertes causées à l'agriculture par l'exportation. — Pertes supportées par les populations et les administrations aux époques de grande cherté. — Deux cent millions de perte en 1847. — Comptoirs établis sans le secours de l'Etat. — Inconvéniens qu'ils présenteraient. — Le taux de 5 0/0 ne stimulerait pas la spéculation. — Résumé du mécanisme des Comptoirs. — Libération de l'emprunteur. — Libération avant terme. — Comment seraient fondés les Comptoirs. — Actions. — Choix des administrateurs. — Garanties hypothécaires pour les huit dixièmes du capital.— Evaluation des bénéfices. — Douze à quatorze mille francs pour chacun d'eux. — Ces chiffres ne sont pas définitifs. — Résultats. — Tout le monde y gagnerait.

On ferait peu pour l'agriculture si on ne lui prêtait pas l'argent à un taux très bas.

L'usure, sous quelque forme qu'elle s'exerce, fait toujours payer cher ses services. Nous voulons soustraire, s'il se peut, les agriculteurs à l'obligation d'y avoir recours.

Par conséquent, nous fixerions à 4 0/0 par an l'intérêt à payer par les emprunteurs aux Comptoirs cantonaux de prêts sur consignations de céréales. Les frais d'inspection pourraient être couverts au moyen d'une légère commission proportionnelle payée par l'emprunteur.

Les Comptoirs départementaux ou les banquiers qui en feraient l'office comme *troisième signature*, escompteraient à 2 1[2 0[0 le papier des Comptoirs cantonaux, et les Comptoirs succursales de la Banque de France, par exception toute spéciale et unique, escompteraient à 2 0[0 le papier des Comptoirs départementaux et celui que les banquiers auraient eux-mêmes escompté aux Comptoirs cantonaux. Ainsi la Banque laisserait 1[2 0[0 de bénéfice aux Comptoirs départementaux, et ces derniers laisseraient 1 1[2 0[0 de bénéfice aux Comptoirs cantonaux.

On comprendra facilement pourquoi nous attribuons 1 1[2 0[0 de bénéfice sur leurs escomptes aux Comptoirs cantonaux et seulement 1[2 0[0 aux Comptoirs départementaux ou aux banquiers appelés dans certains cas à les suppléer. Les premiers, outre les frais de gestion, de vérification à faire, etc., etc., acceptent nécessairement une responsabilité directe. Les seconds, au contraire, n'ont que de simples opérations d'écritures et ne courent aucun risque, puisqu'ils ont la double garantie de l'existence d'un gage ou nantissement toujours réalisable, et de la solvabilité incontestable du Comptoir cantonal : 1[2 0[0 nous paraît une rémunération convenable du service rendu par eux dans ce cas.

Nous avons dit que les succursales de la Banque de France escompteraient à 2 0[0 le papier des Comptoirs départementaux; mais comme la Banque ne peut pas effectivement prêter ses capitaux à raison de 2 0[0, le Trésor, intervenant dans l'intérêt de l'agriculture, bonifierait à la Banque de France 1 0[0 d'intérêt sur la masse des escomptes opérés par elle au profit des agriculteurs, du commerce, des consommateurs et de la stabilité de l'Etat. Tout renchérissement des céréales arrête la consommation des objets manufacturés chez tous les individus pour qui le pain est une forte dépense: le petit marchand cesse de vendre, la fabrique d'écouler ses produits, qui se restreignent. Nouveaux ouvriers sans ouvrage, nouvel arrêt dans la consommation. Les magasins sont engorgés, les fabriques également; les embarras financiers commencent. La souffrance amène le mécontentement et la société est livrée aux suggestions des ambitieux et des perturbateurs. Voilà ce que nous proposons d'éviter au moyen d'un sacrifice d'argent à faire par l'Etat.

Ce sacrifice ne saurait être considérable, dans aucun cas; et, après avoir lu les calculs qui suivent, *on s'étonnera de son exiguité.*

On a vu que pendant l'année 1851, les exportations qui ont été considérables, se sont élevées à 5 millions et demi d'hectolitres. Ce chiffre n'avait jamais été atteint jusqu'ici. En admettant que les consignations de grains, à cause des besoins d'argent de l'agriculture, s'élèvent au double, c'est-à-dire à 10 millions d'hectolitres; en admettant encore que la moyenne des avances soit de 10 francs par hectolitre, il en résulterait un prêt général de 100 millions de francs pour lequel la subvention de l'Etat, à raison de 1 pour 0[0, s'élèverait à 1 million de francs seulement.

Si l'on met en regard d'une somme, relativement aussi minime, les pertes excessives causées à l'agriculture par l'exportation, seulement aux époques d'avilissement du prix des grains; celles beaucoup plus considérables encore, supportées par les populations et par les administrations aux époques de grande cherté (en 1847 plus de 200 millions); si l'on admet, comme la chose est de toute évidence, que les Comptoirs de prêts sur consignation de denrées agricoles, auraient pour premier résultat l'avantage de prévenir les disettes, si douloureuses pour les populations, si périlleuses, si fatales à l'ordre public, on reconnaîtra tout de suite que l'argent consacré par l'Etat à cette dépense serait, non point un sacrifice, mais le plus avantageux et le plus fructueux de tous les emplois. Un million ainsi placé, rendrait plus de services qu'une somme centuple destinée à combattre les effets de la disette lorsqu'elle est arrivée, c'est-à-dire, lorsqu'il n'est plus temps d'en arrêter les désastres.

Nul ne peut avoir oublié la fameuse disette de 1847 et les drames sanglans qui l'ont accompagnée (1). En cette année, des sacrifices énormes durent être faits par toutes les villes de France pour atténuer de cruelles misères, et malheureusement ce ne furent que des palliatifs impuissans à des maux trop intenses et trop généraux, pour qu'il fût possible de les soulager efficacement. A cette époque, la municipalité parisienne dépensa des millions pour offrir à la population un soulagement presque insignifiant. En présence de ces souvenirs, l'Etat, nous en avons la conviction intime, n'hésiterait pas un instant, et son concours serait acquis, dans la proportion par nous indiquée, à la création et au maintien des Comptoirs, d'autant mieux qu'il serait toujours maître de réduire, de limiter ou de suspendre sa subvention.

Sans nul doute on pourrait établir les Comptoirs de prêt sans avoir recours à l'Etat; mais alors on serait obligé d'élever le taux de l'intérêt à 5 pour cent au lieu de 4 : ce qui détruirait en partie l'efficacité du projet, *parce que le taux de 5 0[0 ne stimulerait pas la spéculation*, tandis que le taux de 4 0[0 doit la déterminer à concourir à la formation d'un approvisionnement réel et permanent. C'est d'ailleurs ce que nous exposerons ultérieurement d'une manière

(1) Les pillages, les meurtres commis à cette époque sont encore présens à tous les esprits, et l'échafaud de Buzançais rappelle les plus déplorables souvenirs. Combien ne doit-on pas désirer que la régularité dans les prix des grains vienne rendre à jamais impossibles des calamités de ce genre.

plus complète. Quant à la Banque, chacun comprendra qu'il lui est impossible de descendre, même en faveur de l'agriculture, le taux de l'intérêt au-dessous de 3 0|0.

Nous résumons le mécanisme des Comptoirs de prêts ; il est simple, facile à comprendre, facile à réaliser.

La Banque de France, par ses succursales, escompte à 2 0|0 le papier des Comptoirs de prêts départementaux et celui que lui présentent les banquiers, pourvu qu'il provienne d'emprunteurs consignataires et porte l'endos du Comptoir cantonal.

Le gouvernement bonifie à la Banque de France un pour cent par an de la somme totale de ses escomptes spéciaux sur consignation de grains.

Les Comptoirs départementaux escomptent à deux et demi pour cent le papier des Comptoirs cantonaux qui prêtent au cultivateur, *sur la consignation de ses denrées à son domicile*, au taux de 4 0|0.

La certitude de l'existence du gage est garantie par deux cautions que l'agriculteur trouvera toujours dans son canton, où sa moralité, sa solvabilité sont connues. Les administrateurs seraient d'ailleurs juges du plus ou moins de rigueur à déployer dans l'admission des cautions. Il y aurait là quelque chose d'analogue à ce qui se passe dans l'escompte des valeurs commerciales par la Banque de France. La Banque exige toujours trois signatures ; seulement elle admet des signatures d'endosseurs peu connus, avec d'autant moins de difficulté que les souscripteurs des effets escomptés sont plus solvables, *et vice versa.*

Nous rappelons que les cautions garantissent non la conservation physique de la qualité des grains, gage du prêt consenti, mais simplement qu'au moment où l'emprunt est contracté, le grain qui doit servir de gage existe dans les greniers de l'emprunteur, et que ce gage ne sera pas furtivement détourné. L'emprunteur, dans le cas où les blés consignés par lui seraient menacés par les insectes et surtout par l'alucite ou le charançon, serait astreint à en prévenir l'administration du Comptoir, qui, d'ailleurs, pourrait toujours être parfaitement renseignée sur ce point par ses inspecteurs.

Lorsque l'emprunteur voudrait se libérer avant terme et disposer de son blé, il en aurait toujours la possibilité moyennant la perte légère de l'intérêt d'un mois.

Les Comptoirs cantonaux et départementaux seraient fondés au moyen d'actions. Les actionnaires, parmi lesquels on choisirait les administrateurs, seraient appelés à fournir en espèces deux dixièmes seulement du capital : soit pour les Comptoirs cantonaux 20,000 fr. et pour les Comptoirs départementaux 40,000 fr. C'est pour deux cents Comptoirs cantonaux, 4,000,000 de fr., et pour trente-cinq à quarante Comptoirs départementaux, 1,400,000 à 1,600,000 fr. Pour les huit derniers dixièmes du capital les actionnaires pourraient être admis à fournir des garanties hypothécaires.

Nous avons supposé que les opérations des Comptoirs cantonaux réunis pourraient s'élever à 100 millions de fr. prêtés pour un an. Sur les intérêts de cette somme, les Comptoirs cantonaux prêtant à 4 0[0 et escomptant à 2 1[2 près des Comptoirs départementaux, pourraient réaliser 1 million 500,000 fr. de bénéfices. Soit par Comptoir 7,500 fr. auxquels il faut ajouter l'intérêt à 4 0[0 du capital effectif du Comptoir : soit 800 fr. Ces sommes seraient à coup sûr plus que suffisantes pour couvrir les dépenses et payer un large intérêt du capital de ces établissemens, qui devraient être administrés sans luxe.

La différence entre le taux de deux et demi pour cent, auquel les Comptoirs départementaux prendraient le papier des Comptoirs cantonaux, et le taux de deux pour cent que leur ferait payer la Banque, assurerait à ces comptoirs 500,000 fr. de bénéfices : soit 12 à 14,000 fr. de bénéfices pour chacun d'eux ; à quoi il faut ajouter, pour l'intérêt à deux et demi pour cent de leur capital effectif, 1,000 fr. par an. Il y a là, comme pour les Comptoirs cantonaux, de quoi subvenir largement aux dépenses d'administration, pourvoir au service des intérêts et rémunérer convenablement le service rendu.

Nous sommes loin d'ailleurs de donner ces chiffres comme définitifs ; mais nous les considérons simplement, ainsi que nous l'avons dit plus haut, comme des bases éminemment pratiques, quoique susceptibles d'être modifiées.

On voit que, dans notre système, cinq à six millions au plus de capitaux, effectifs, disponibles, et une subvention annuelle du gouvernement, qui ne pourrait guère dépasser un million, suffiraient pour créer immédiatement une institution dont les avantages pour la France seraient incalculables.

Six millions c'est une fraction bien minime de la perte causée, en 1850 et 1851, aux agriculteurs par la vente à bas prix et l'exportation de leurs céréales; c'est à peu près la huitième partie de ce qui a été dépensé, en 1848, sous la pression de nécessités déplorables, pour envoyer en Afrique, sous prétexte de colonisation, quelques milliers de malheureux ouvriers qui devaient y trouver la mort, la misère, ou tout au moins de cruels mécomptes.

Et dans la prétendue colonisation de 1848, tout le monde devait perdre quelque chose; tandis qu'ici, les prêteurs, les emprunteurs, le public, auraient tous quelque chose à gagner : les prêteurs, le légitime intérêt de leur argent; les emprunteurs, de grandes facilités de travail; le public, plus de régularité et de sécurité dans ses moyens de subsistance. Il n'y a point, ce semble, à hésiter.

Il nous reste à examiner plusieurs questions, notamment celle de la légitimité, de la nécessité même de l'intervention de l'Etat en pareille matière, et celle de la préservation et de la conservation matérielle des grains.

V.

Réfutation de quelques idées économiques. — L'Etat doit s'occuper des subsistances.—Fausse application des principes.—Comment s'établit maintenant le prix des grains. — Désastres qui peuvent résulter d'un léger déficit dans les récoltes. — Exemples. — Le gouvernement doit intervenir. — Il ne s'agit que de retenir en France des grains qu'on exporte, à vil prix, aux époques d'abondance. — Quelques chiffres éloquens. — Exceptions qu'on doit admettre en matière de subsistances. — Ce qui se passe en Angleterre. — Où nous conduisent les économistes absolus. — Sacrifices imposés à l'Etat en temps de disette. — Troubles causés par les exportations de grains. — Exemples de 1839 et 1847. — Ventre affamé n'a point d'oreilles. — Ce que nous coûte la vérité de ce proverbe. — Sacrifices faits par l'Angleterre en 1846 et 1847. — Trois cent millions de perte. — Disette de 1811. — Soixante-six francs l'hectolitre! — Disette de 1816-1817.—Cent soixante-quatorze francs un sac de farine! — Soixante millions de perte. — Allocation annuelle d'un million seulement. — Ce sacrifice de l'Etat ne sera pas toujours nécessaire. — Le gouvernement et la ville de Paris ont dépensé cent cinquante millions depuis quarante ans. — Ce que nous voulons. — Il faut réduire les sacrifices en les régularisant.

Pour certains économistes, il est admit comme vérité démontrée que le gouvernement n'a point à s'occuper des subsistances de la population, et surtout que l'autorité publique ne peut utilement coopérer à la création de réserves de grains dans les années d'abondance, afin de combler les déficits des années de disette. Aux yeux de ces théoriciens, un ministère du commerce et de l'agriculture est une superfétation, un rouage inutile : aussi, devons-nous nous attendre à les voir s'élever contre la subvention d'un million, à fournir par l'Etat, pour indemniser la Banque de France du sacrifice à faire dans l'escompte des valeurs représentatives des réserves de céréales.

C'est au nom de principes absolus et abstraits que l'on prétend interdire au gouvernement une intervention utile et active dans l'approvisionnement : mais hélas ! on oublie que les principes absolus les plus accrédités ont été bien souvent mis à néant par les faits et la nécessité dans la pratique des affaires. En invoquant les principes dans cette circonstance, on oublie que *le prix des grains s'établit tout à fait en dehors des principes généralement admis.* En voici la preuve :

« Le prix des choses se règle sur le besoin qu'on en a. » Ainsi parlent les économistes. Cela peut être vrai pour tous les produits dont l'usage n'est pas indispensable. Une réduction dans la production du sucre, de la toile, du drap, des meubles, ferait sans doute hausser le prix de ces objets, mais seulement dans une proportion égale à la décroissance des produits en quantité. Il n'en est pas ainsi du blé, à beaucoup près.

On a reconnu depuis longtemps qu'un léger déficit dans les récoltes du blé, détermine souvent une hausse excessive du prix de la denrée. Ainsi un déficit d'un dixième dans la récolte n'amène pas une hausse de 10 0[0, mais bien de 100 0[0 et parfois beaucoup au delà.

En 1816, un huitième à peine de la récolte a manqué; et le prix du blé s'est élevé, sur plusieurs points de la France, à plus de trois fois la valeur normale de la denrée. En 1847 un déficit d'un dixième tout au plus a produit des effets analogues.

Nous comprendrions la non intervention absolue du gouvernement, si la subsistance régulière de tous les Français était assurée; mais comme il existe en France des millions d'individus auxquels l'usage d'un pain mangeable est encore inconnu, nous croyons fermement que le pouvoir a beaucoup à faire pour changer ce déplorable état de choses (1).

S'il s'agissait d'ailleurs de transformer le ministre du commerce et de l'agriculture en négociant chargé, pour le compte de l'Etat, de réaliser des opérations commerciales, d'acheter des grains pendant les années d'abondance, de les emmaga-

(1) Les dix départemens de l'Allier, l'Ardèche, l'Ariége, la Creuse, la Loire, les Hautes-Alpes, la Haute-Loire, la Lozère, le Morbihan et les Pyrénées-Orientales, peuplés ensemble de trois millions d'habitans, ne consomment pas au delà de quinze cent mille hectolitres de blé. C'est à peu près cinquante litres par habitant, en moyenne.

Les trois départemens de la Creuse, de la Haute-Loire et de la Lozère, peuplés ensemble de plus de 730,000 habitans, ne consomment pas tout à fait 180,000 hectolitres de blé. C'est un peu moins de 24 litres par habitant. Le Cantal est encore plus mal partagé; *sa consommation est de 18 litres par habitant.*

siner, de les *réserver*, en un mot, pour les remettre ensuite dans la circulation, pendant les années de disette, afin de prévenir l'élévation des cours, nous serions certes les premiers à repousser une pareille prétention ; mais, dans notre système, rien de semblable. Il s'agit de retenir, tout naturellement et par des moyens commerciaux, sur le sol de la France, aux époques d'abondance, des grains que les agriculteurs exportent à vil prix, et que les consommateurs rachètent plus tard à des prix exorbitans.

Ainsi en 1847 nous payions 24 et 26 fr. aux étrangers, des blés qu'en 1850 et 51 nous vendions 13, 12 fr. et moins encore. C'est ce qu'il faut absolument éviter.

L'incompétence de l'Etat en matière de travail et de commerce est une théorie que l'on peut soutenir par des raisons très spécieuses, toutes les fois qu'il ne s'agit pas du blé, cette base de la nourriture des peuples. En matière de subsistances, les théories établies à loisir, pendant les années d'abondance, reçoivent, aussitôt que la disette arrive, de terribles échecs dans l'application.

L'Angleterre, parmi toutes les nations du globe, est, sans contredit, celle où la théorie de la non-intervention du gouvernement dans les affaires du travail et dans l'approvisionnement général du pays, compte le plus de partisans. Et cependant, vienne une disette en Angleterre, et sur-le-champ la théorie est est complétement effacée et cède à l'impérieuse nécessité des faits. Nous avons vu plus d'une fois le gouvernement anglais, aux époques de cherté et de rareté des grains, puiser à pleines mains dans les coffres de l'Etat pour nourrir les populations affamées. En 1846 et 1847, l'Angleterre a dépensé plus de 300 millions pour empêcher l'Irlandais de mourir entièrement de faim.

L'école des économistes absolus prétend que le gouvernement français n'a qu'à *laisser faire* en matière d'approvisionnement et de subsistances. Et cependant chaque fois qu'une disette se manifeste ou se fait simplement craindre, le gouvernement est tout de suite forcé d'intervenir, afin d'assurer, s'il se peut, du pain aux populations. Et non seulement les gouvernemens font preuve de sagesse en agissant ainsi, mais il leur serait impossible d'agir différemment.

Ainsi, nous avons vu en France, au mois de janvier 1839, le ministre du commerce suspendre *par ordonnance* l'exportation des grains, afin de rassurer les populations de l'ouest de la France, alarmées et ameutées par la crainte de manquer de pain ; nous avons vu les pouvoirs publics, en 1847, suspendre tout à coup l'action des lois sur le commerce et la navigation, appeler dans les ports français les grains de toutes les provenances et sous tous les pavillons, et autoriser les capitaines de navires étrangers à se livrer au cabotage des grains sur les côtes de l'Océan et de la Méditerranée. Peu s'en fallut que la Chambre des députés, à cette époque, n'accordât des primes aux importateurs de grains étrangers en France.

Le premier devoir du gouvernement est d'assurer la subsistance des populations. *Ventre affamé n'a point d'oreilles.*

A toutes les époques de disettes, les gouvernemens ou les administrations locales ont dû consacrer des sommes considérables à l'accomplissement de ce devoir impérieux.

Nous venons de voir l'Angleterre en 1846 et 1847, employant plus de trois cents millions à fournir du pain aux pauvres Irlandais. A la même époque, toutes les villes de France s'imposaient des sacrifices pécuniaires dans un but semblable, et la municipalité parisienne dépensait, pour cet objet, neuf millions à peu près.

En 1811, la disette des blés fit élever leur prix jusqu'à 66 fr. dans plusieurs départemens. Le gouvernement impérial pour faire arriver des céréales étrangères en France, dépensa quatre-vingts millions.

En 1816-1817 la disette, dans certaines localités, atteignit presque les proportions d'une famine ; le prix du sac de farine s'éleva jusqu'à 174 francs. Le gouvernement fit acheter 1,460,000 hectolitres de blé. Les pertes sur les achats, jointes aux primes d'importation, aux indemnités en argent payées aux boulangers, et aux sommes affectées au soulagement de la classe indigente, s'élevèrent à 60 millions.

De ces faits, et nous pourrions en multiplier les citations, il résulte évidemment que l'intervention du gouvernement ou des autorités municipales, en matière de subsistances, aussitôt que se manifeste la cherté des grains, n'a rien d'insolite; que, bien loin de là, cette intervention est licite, obligatoire, et se produit inévitablement aux époques désastreuses. Or, en rendant cette intervention permanente, on peut venir régulièrement en aide à l'agriculture en lui fournissant une partie des capitaux qui lui ont toujours fait défaut jusqu'aujourd'hui; on peut en même temps stimuler la spéculation et se servir ainsi de l'intérêt individuel pour accumuler des réserves suffisantes, prévenir les disettes et même jusqu'à l'apparence de celles-ci. Nous avons démontré que des résultats aussi salutaires peuvent être obtenus par des moyens peu dispendieux : l'allocation annuelle d'un million par le gouvernement. Qui donc pourrait ne pas considérer une semblable création comme excellente et de la plus haute utilité?

D'ailleurs, il devrait nécessairement se présenter des années où le sacrifice à faire par le gouvernement serait nul ou à peu près. Ce sont celles où le prix du blé atteindrait une limite supérieure à sa valeur normale. Dans ce cas, en effet, le prêt sur consignation serait suspendu, afin de ne point surexciter la hausse des blés et d'éviter tout ce qui pourrait ressembler à l'accaparement.

Depuis quarante ans, en trois années seulement, en **1811, 1817** et **1847**, le gouvernement et la ville de Paris ont dépensé cent cinquante millions pour apporter des palliatifs impuissans à des souffrances intolérables ! Quel bien n'aurait pas produit l'emploi d'une minime partie de ces cent cinquante millions à la création de Comptoirs de prêts agricoles sur consignations de céréales ?

Nous demandons qu'au lieu d'intervenir accidentellement et irrégulièrement, pour des sommes colossales, qui alors sont entièrement perdues pour la France, le gouvernement intervienne régulièrement pour des sommes très minimes, afin d'assurer, aux populations agricoles, un emploi moins désastreux de leurs produits, aux jours d'abondance, et aux populations ouvrières le pain à bon marché aux jours des mauvaises récoltes.

VI.

Les réserves de grains. — Suppression des ventes forcées. — Aménagement du surplus des récoltes aujourd'hui exporté à vil prix. — Solution de la question des réserves officielles. — Ressources illusoires des greniers publics. — Quelques chiffres éloquens. — Ce que consomme la France pendant une semaine. — Curieux détails. — Mouvement maritime nécessité par l'importation des grains. — Impossibilité des accaparemens. — Une erreur populaire. — Efficacité de la réserve des grains consignés. — Gaspillage des grains aux époques d'abondance. — Il y aura autant de greniers de réserve qu'il existe de fermes — Nous ne proscrivons pas les greniers d'abondance. — Création de grands magasins de consignation. — L'intérêt particulier est le plus puissant mobile. — Ce que fait la Russie — Ce que fait l'Angleterre. — Ce qu'il faut que nous fassions.

Les opérations des Comptoirs de prêts, nous l'avons démontré déjà, mettraient fin aux ventes forcées des grains en excédant, aux époques d'abondance. Ces opérations permettraient l'aménagement du surplus des récoltes qui, aujourd'hui, est exporté à vil prix. La consommation, aux époques de pénurie, serait alimentée par ce surplus ainsi conservé. Par là serait résolue, de la manière la plus sûre et la plus efficace, la délicate question des réserves officielles, si souvent et si vainement controversée de nos jours.

On a calculé que les gouvernemens,

tant anciens que modernes, n'ont jamais pu, même au prix des plus grands efforts et d'immenses sacrifices, accumuler dans des greniers publics au delà de la quantité de grains nécessaire à la nourriture de la population *pendant une semaine*. Et cela se conçoit facilement : on peut sans exagération évaluer la consommation en grains de toute la France, pendant une semaine, à deux millions d'hectolitres. Pour resserrer, pour transporter de semblables masses, il faut des locaux et des moyens d'action gigantesques ; les gouvernemens ne pourraient les avoir à leur disposition sans s'imposer des dépenses exorbitantes : ils sont tout à fait hors de la portée des particuliers, si riches qu'on les suppose. Pour transporter deux millions d'hectolitres de blé (la nourriture de la France pendant une semaine), pesant de cent cinquante à cent soixante millions de kilogrammes, sans compter leur enveloppe, il faudrait mettre en mouvement au moins cent soixante mille charrettes attelées d'un cheval, ou cinq cents navires de trois cent vingt tonneaux chacun (1).

(1) Il résulte d'un calcul que nous avons fait, et bien facile à vérifier, que le blé consommé en France pendant une seule semaine, chargé sur des voitures à un cheval, placées les unes derrière les autres, occuperait un espace qui ne serait pas moindre de deux cents lieues, c'est à dire qui aurait la longueur de Paris à Toulouse. La quantité de blé consommée annuellement par la France, chargée sur des voitures à un cheval, formerait un convoi long de 9 ou 10,000 lieues, et pourrait par conséquent faire une ceinture au globe entier.

En 1847, il n'a pas fallu moins que le concours de toutes les marines de l'Europe pour apporter en France dix millions d'hectolitres de grains étrangers, c'est-à-dire la dixième partie de la consommation annuelle. Ceci doit servir à démontrer l'impossibilité des accaparemens de grains et le peu de fondement du préjugé populaire, qui attribue les disettes à l'action des accapareurs.

Les grains consignés, qui cependant resteraient dans les greniers des agriculteurs, constitueraient une réserve bien autrement efficace que toutes celles qu'on pourrait former au prix des plus grands efforts, Cette réserve sera d'autant plus forte que la création des Comptoirs de prêts déterminera une économie notable dans la consommation des céréales. Aux époques d'abondance, celles-ci sont dilapidées, gaspillées de plusieurs manières: d'abord, par l'exportation opérée après la vente à vil prix ; ensuite par la prodigalité avec laquelle le blé, lorsqu'il ne se vend pas, est donné aux bestiaux.

On peut calculer approximativement la perte qu'occasionne à l'agriculteur l'exportation à vil prix : il est impossible d'évaluer celle qui résulte du gaspillage qui se fait dans la ferme aux époques d'abondance. Or, ces pertes auront cessé du moment où seront constitués les comptoirs de prêts sur consignation. On comprend très bien, en effet, que le cultivateur qui pourra obtenir de l'argent contre son blé, donné en nantissement, ne voudra plus le prodiguer pour l'alimentation de son bétail.

Ainsi le cultivateur, n'étant plus forcé de vendre à contre-temps et ayant un intérêt direct à économiser le blé devenu pour lui une source de crédit, c'est-à-dire de richesse, il s'établira de fait ***autant de greniers de réserves qu'il existe de fermes en France.*** Les disettes seront devenues sinon tout à fait impossibles, au moins extrêmement rares, sans que, d'un autre côté, les grains puissent jamais s'avilir jusqu'au dessous du prix de revient.

Dans notre système, nous sommes loin d'ailleurs de proscrire les greniers d'abondance et de réserve : au contraire. Seulement, nous croyons qu'ils doivent être administrés non par l'État, mais par de nombreuses institutions particulières, dépendantes des Comptoirs de prêts et se rattachant à ceux-ci. Il est utile et nécessaire, dans la plupart des cas, que les grains consignés demeurent sous la garde et à la disposition immédiate du consignataire ; mais il faut aussi que, dans tous les lieux où la navigation, les transports en général, rendent faciles les accumulations de grains ; il faut que, dans tous les grands centres de populations, tels que Paris, Lyon, Toulouse, Strasbourg ; dans certaines villes maritimes, telles que le Havre, Bordeaux, Nantes, Marseille, Dunkerque ; dans quelques grands centres de production, tels que Soissons, Roye, Provins, Chartres, Châlons, Meaux, Gray,

Marans, etc., etc.; il faut, disons-nous, que, dans ces localités spéciales, soient formées, en même temps que les Comptoirs de prêts, de grands magasins de consignation.

Là, non-seulement l'agriculteur, mais le négociant, le spéculateur, l'armateur, pourront déposer les grains sur lesquels ils voudront emprunter ; là aussi pourront être agglomérées des masses considérables de céréales, en attendant le moment de les livrer à la consommation.

Le plus puissant mobile pour déterminer les hommes à travailler au bien-être général, c'est l'intérêt particulier. C'est celui que nous voulons mettre en jeu, en faisant concourir les spéculateurs, par l'appât de bénéfices, modiques peut-être, mais cependant certains, à assurer l'approvisionnement de la France : ce qu'ils n'ont jamais pu faire jusqu'ici, ou ce qu'ils n'ont fait que d'une manière fort irrégulière.

La France, qui produit à peu près les céréales qu'elle consomme, offre, dans sa situation, une singulière anomalie. Lorsqu'elle a des grains en excédant, ce ne sont pas en général des négocians français qui en trouvent le placement, mais des négocians étrangers qui viennent les acheter. Lorsque les récoltes sont mauvaises et l'approvisionnement en déficit, ce sont encore des négocians étrangers qui comblent la plus grande partie de la différence.

Une nation qui produit toujours des céréales en excédant s'arrange de façon à trouver des débouchés constans, permanens. C'est ce que fait la Russie. Une nation qui, au contraire, consomme toujours plus qu'elle ne produit, s'arrange en conséquence, forme des relations suivies et stables pour s'alimenter avec les excédans des pays étrangers. C'est ce que fait l'Angleterre. Ainsi, nous connaissons dans ce pays des maisons, dont nous pourrions citer les noms, qui sont en relations continuelles avec les pays étrangers pour l'achat des grains; ces maisons envoient sur toutes les places d'entrepôt: à Dantzik, à Odessa, aux Etats-Unis, des commis sans cesse occupés à recueillir des renseignemens sur les moindres baisses des prix de la denrée ou du fret, parce que ces maisons sont constamment prêtes à acheter. Nos négocians ne peuvent en faire autant, ni profiter des mêmes avantages, puisqu'ils sont quelquefois cinq ou six ans sans acheter du blé à l'étranger. Les grands magasins de consignation dans les ports maritimes, dans les centres de production et dans ceux de consommation, ouvriraient au commerce français une nouvelle voie, non moins féconde pour nos négocians que salutaire pour le gouvernement et pour les populations.

Chez nous, dans l'état actuel des choses, il existe fort peu de petits spéculateurs sur les grains dans les campagnes; tandis que, par la création des Comptoirs de prêts, chaque producteur, ayant des grains en excédant, deviendrait spéculateur pour son propre compte et concourrait au maintien presque permanent du prix moyen nécessaire pour que le producteur trouvât sa rémunération, et l'ouvrier des moyens faciles et réguliers de consommation, et par conséquent d'existence.

VII.

Prospérité d'une nation qui ne paierait jamais le blé cher.— La spéculation, l'intérêt particulier sont nos véhicules. — Eviter les disettes et les avilissemens excessifs des prix.— Nouvelles considérations sur le mécanisme des opérations. — Ces opérations ne rencontrent aucun obstacle sérieux. — Droits sur les blés étrangers. — L'Echelle mobile. — Ses inconvéniens. — Elle n'a produit aucun avantage. — C'est un rouage inutile qu'il faut modifier ou supprimer. — Prix normal du blé en France. — Impossibilité de la concurrence étrangère. — Erreurs des défenseurs de l'Echelle mobile.— Blés de Crimée. — Blés des Etats-Unis. —Nécessité d'établir une bonne statistique de la production des grains. — La vie à bon marché. — Moyens de la réaliser. — Premier besoin d'un pouvoir paternel.

Une nation qui ne paierait jamais le blé cher serait appelée à une prospérité sans exemple encore sur la terre. C'est ce qu'on obtiendra par la constitution des réserves de grains au moyen de leur consignation chez le cultivateur.

Nous voulons en outre doter les grands centres de production, de consommation et d'arrivages, non-seulement de Comptoirs spéciaux, ainsi que nous l'avons dit, mais encore de greniers d'abondance, qui seraient *alimentés par la spéculation, par l'intérêt particulier*. Il s'agit de former une combinaison dont la conséquence serait l'accumulation toute commerciale de grains dans ces grands centres, en même temps que la formation des réserves chez les agriculteurs, de manière à atteindre ce double but : éviter les disettes et les avilissemens excessifs des prix.

Dans les localités maritimes de consommation ou de production, où seraient établis les grands magasins de consignation, le capital des Comptoirs spéciaux pourrait être fixé à deux ou trois cent mille francs. Ces Comptoirs seraient en rapport direct avec la Banque de France; ils prêteraient sans intermédiaire aux spéculateurs, armateurs ou cultivateurs, sur deux signatures fournies par deux emprunteurs solidaires, de façon à réunir, pour l'escompte par la Banque de France, les trois garanties voulues. Mais ce qui constituerait spécialement le principe fondamental de l'organisation de ces Comptoirs, c'est l'apport et la consignation des grains dans leurs greniers. Dans ce cas, l'emprunteur ne restant pas dépositaire, les opérations pourraient avoir lieu sur une grande échelle et toujours sans danger pour le prêteur.

D'un autre côté, l'emprunteur étant dessaisi de sa denrée pourrait être favorisé, en ce qui concerne le taux de l'intérêt, qui serait fixé seulement à 3 0|0. L'emprunteur aurait uniquement à sa charge les frais d'emmagasinage et ceux des soins à donner à la garde des blés ; frais qui seraient peu considérables, à raison de l'emploi facile, dans ce cas, des moyens de conservation, que nous indiquerons plus loin.

Les négocians des ports, ceux de l'intérieur, les cultivateurs des grands centres de production pouvant obtenir des capitaux à 3 0/0, il nous paraît incontestable qu'ainsi se réaliserait par la pratique ce fait immense d'un équilibre raisonnable du prix des grains: équilibre aussi bienfaisant pour ceux qui produisent que pour ceux qui consomment.

En effet, la spéculation étant facilitée par le bas prix des avances (3 0/0), les spéculateurs, en cas de mauvaise récolte, n'attendraient pas une hausse considérable pour acheter des grains étrangers, comme ils le firent, pour la plupart, en 1846. Ils pourraient opérer dès le début de la hausse, et empêcher ainsi et la rareté excessive du blé et l'élévation immodérée des prix.

Aucun obstacle sérieux ne s'opposerait à la création des Comptoirs cantonaux ou départementaux de prêts agricoles, et des Comptoirs spéciaux à fonder dans les grands centres de production et de consommation. Mais nous devons reconnaître que la loi qui fixe les droits d'entrée à payer sur les grains étrangers importés en France, suivant une Echelle mobile, rendrait à peu près impossible la création des Comptoirs de prêts et des magasins de consignation de grains dans les villes maritimes, si cette loi devait continuer de subsister sans modification.

En effet, aux termes de cette loi, qui divise la France en quatre zones, les blés étrangers, froment, épeautre et méteil, ne peuvent être admis à l'importation en France, sans droits, que lorsque le prix des grains français dépasse 27 fr., 25 fr., 23 fr. et 21 fr., suivant les différentes zones. C'est-à-dire que les grains étrangers ne peuvent être introduits sur le marché que lorsque la France est entrée en pleine disette, quand il est trop tard pour faire des commandes et recevoir des expéditions en temps utile.

On conçoit facilement que si ces dispositions de la loi devaient être maintenues, jamais le spéculateur français ou étranger ne se risquerait à entreposer en consignation des grains qui, ne pouvant entrer dans la consommation qu'au moment où le blé aurait atteint les prix cités plus haut, demeureraient pendant plusieurs années invendus et sans écoulement.

Nous devons dire aussi qu'aujourd'hui l'Echelle mobile est appréciée à sa juste valeur. Inventée jadis dans le but de surélever artificiellement le prix des grains, elle n'a produit aucun avantage pour notre agriculture, parce qu'elle était impuissante pour relever le prix des blés, avili par suite de récoltes trop abondantes. Aux jours de disette ou de rareté l'Echelle mobile devenait sans objet, puisque les grains dépassant les prix régulateurs, les gouvernemens étaient amenés forcément à provoquer, par des avantages spéciaux, même par des primes aux importateurs, les arrivages de grains étrangers, en vue d'empêcher que la disette ne se transformât en famine (1).

Depuis 1848 jusqu'aujourd'hui, l'Echelle mobile n'a pas eu le pouvoir d'arrêter la baisse des prix du blé en France ; elle n'a donc produit aucun bien pendant l'abondance ; aux jours de rareté des grains elle cesse de fonctionner, on l'a vu en 1846. Depuis quatre ans la France en a constamment exporté à vil prix. L'Echelle mobile est donc un rouage inutile, et le moment nous paraît venu, sinon de la supprimer, au moins d'y apporter des modifications sérieuses (2).

(1) A ce propos, il n'est pas inutile de rappeler qu'en 1847, malgré les facilités extrêmes offertes à la spéculation et à la navigation étrangères, malgré la suppression de tous les droits de douane et de navigation, malgré la faculté accordée extraordinairement aux navigateurs étrangers de concourir au cabotage pour le transport des blés en France, la chambre des députés et le gouvernement, craignant encore la pénurie des grains, durent suspendre jusqu'au 31 juillet 1847 l'action des lois relatives à l'importation des céréales étrangères. Et même, afin de stimuler le commerce et la navigation étrangers et de leur donner toute sécurité, la loi déclara que toutes les opérations de navigation étrangère, pourvu qu'elles fussent commencées avant le 31 juillet, pourraient être finies après cette époque. Elle décida en conséquence que tous les chargemens de blés effectués au 31 juillet à destination de la France, par des navires étrangers, seraient admis sans droits dans les ports français même après le 31 juillet. C'était une mesure prudente et sage, prise dans le but d'assurer les subsistances de la population. Mais cette mesure avait été prise trop tard, le mal était irréparable : les lois qui constituent l'Echelle mobile avaient paralysé la spéculation, et la disette suivit son cours.

(2) Il est certain que l'Echelle mobile n'a pas même pour effet d'amener en France les blés étrangers, quand les nôtres sont à 21, 23, 25 ou même 27 fr., mais seulement quand les prix sont beau-

Le prix normal de la valeur du blé en France oscille entre 17 et 19 fr.; par conséquent notre agriculture serait suffisamment protégée contre toute importation excessive de grains étrangers en France, par une loi qui fixerait le prix moyen à 18 fr. 50 c. sur les marchés français, comme étant à la fois la limite au dessous de laquelle les grains étrangers ne pourraient être importés pour la consommation sans payer des droits gradués, et devraient être admis à l'importation au simple droit de 25 centimes par hectolitre (1).

Il est parfaitement démontré qu'à ce taux jamais les grains de provenance étrangère ne pourraient faire une concurrence nuisible aux agriculteurs français. Les défenseurs de l'Echelle mobile ont prétendu que, si elle n'opposait point

coup plus élevés. Le spéculateur ne demande des blés à l'étranger que lorsqu'il est bien sûr qu'une baisse subite ne viendra pas contrarier sa spéculation. Il attend donc que le blé soit très rare et la hausse très forte, pour faire ses commandes. Mais comme beaucoup de temps s'écoule pendant le voyage de la lettre qui porte l'ordre d'achat, et avant le chargement, l'arrivée, le déchargement et le transport du blé sur les points où il est nécessaire, l'Echelle mobile ne sert à faire arriver les blés étrangers que lorsqu'il y a déjà au moins un commencement de disette, c'est-à-dire quand le blé indigène est sur le point de manquer complètement.

(1) L'échelle nouvelle à établir si l'on voulait conserver les classes actuelles, porterait à 20 fr. pour la 1re classe, 19 fr. pour la 2e, 18 fr. pour la 3e et 17 fr. pour la 4e, la limite au-dessous de laquelle pourrait commencer l'importation des blés étrangers, moyennant un simple droit de balance.

une barrière à l'importation des grains étrangers, une *inondation* des blés d'Odessa viendrait ruiner toute l'agriculture française. C'est là une exagération puérile, inspirée soit par l'intérêt personnel mal entendu, soit par la peur, mauvaise conseillère et qui raisonne fort mal. La vérité est que dans les années les plus abondantes, le blé des provinces méridionales de la Russie n'arrive point à Odessa au dessous du prix de 12 à 13 fr. l'hectolitre.

La vérité est encore que les frais d'embarquement, de courtage, certificats d'experts, mesurage, camionnage, loyer de sacs, déclarations en douane, droits de douane, fret pour le transport d'Odessa à Marseille, ne s'élèvent pas à moins de 4 fr. 50 cent. ou 5 fr. par hectolitre. De telle sorte que les grains de Crimée, d'une qualité inférieure à celle de nos grains de France, en arrivant à Marseille, coûtent au moins 17 fr. 50 c. : à quoi il faut ajouter 1 fr. 25 c. de dépenses obligées à Marseille pour frais de place, débarquement, mesurage, criblage, courtage, commission, ducroire, etc. Ainsi, au moment où ils pourraient être livrés à la consommation à Marseille, les blés d'Odessa coûteraient au moins 18 fr. 75 c. En songeant que les blés de France obtiennent toujours une faveur sur la plupart des blés de Crimée, on voit tout de suite que notre agriculture n'a rien, mais absolument rien à en redouter; d'autant plus que les blés, pour pénétrer chez nous du littoral à l'intérieur, ont encore à supporter des frais de transport considérables (1).

Quant aux blés des Etats-Unis, nous n'avons pas besoin de nous en occuper: personne n'ignore que le blé à New-York et à Philadelphie vaut couramment de 16 à 18 fr. l'hectolitre. Il est clair que ceux-là ne peuvent être consommés en France que lorsque la hausse est déjà excessive.

Le maintien de l'Echelle mobile actuelle n'empêckerait pas la création des Comptoirs cantonaux, départementaux, ni celle des Comptoirs spéciaux dans les grands centres de production et de consommation. Mais, nous le répétons, il

(1) La réforme des corn-laws, en Angleterre, en ouvrant aux blés de Crimée un débouché très large, a déterminé une surélévation permanente du prix de ces blés, qui ne peuvent désormais lutter contre les blés de France sur notre propre marché, excepté pendant les années où le prix du blé français dépasse, dans des proportions assez élevées, sa valeur normale.

C'est précisément en vue de l'agriculture du Midi qu'a été instituée l'Echelle mobile. Mais, pour cette agriculture, la concurrence des blés de Crimée nous paraît bien moins à redouter que celle que peuvent lui faire les blés du Nord et du centre de la France. Aujourd'hui et depuis que le chemin de fer sur le Midi a touché Châlon, on peut transporter à prix réduits les marchandises de tout genre, du centre de la France jusqu'à la frontière méditerranéenne. Les blés du centre et du nord de la France peuvent arriver facilement jusqu'à Marseille et *à fortiori* sur tous les points intermédiaires. Il est impossible que dans un délai très rapproché les prix de transport des denrées alimentaires sur les chemins de fer ne soient pas abaissés aux dernières limites. C'est là un fait beaucoup plus menaçant que la concurrence des blés de Crimée pour la production en céréales des contrées le moins fertiles du Midi.

ne permettrait pas la création des Comptoirs dans les grands centres d'arrivage où ils sont indispensables.

Là, en effet, peuvent être établis, sans nuire à notre agriculture, sans avilir les prix des grains, de grands approvisionnemens auxquels la population aurait tout de suite recours aux moindres symptômes de pénurie ; ces approvisionnemens auraient pour effet d'arrêter les paniques et les hausses exagérées des cours. Il n'y a nulle témérité à dire que ces dépôts, joints aux réserves de l'intérieur, rendraient à peu près impossible le retour des calamités qui ont souvent et si cruellement pesé sur les populations françaises et particulièrement sur les classes laborieuses.

Il est d'ailleurs indispensable d'établir une bonne et régulière statistique annuelle de la production des grains et des autres matières alimentaires. Cette mesure est le préliminaire obligé de tout ce qui pourra être essayé pour prévenir les disettes et assurer aux populations *la vie à bon marché*.

La régularité, l'exactitude parfaite dans l'appréciation des faits, ne seront sans doute point obtenues immédiatement. Mais après quelques années d'essais et d'efforts, on arrivera certainement à des constatations très voisines de la vérité.

L'autorité exercée aujourd'hui d'une manière plus complète par les préfets sur les masses, une organisation meilleure des gardes-champêtres, fourniront au gouvernement des moyens de se procurer des renseignemens positifs sur la production. Ces renseignemens pourraient d'ailleurs être contrôlés dans chaque canton par les Comices agricoles, et appuyés de documens demandés par les préfets aux agriculteurs et aux hommes spéciaux les plus éclairés de chaque département.

Après quelques années de tâtonnemens et d'essais, la France pourrait posséder une statistique de la production, qui permettrait au commerce et à l'agriculture de prendre des dispositions efficaces pour combler les déficits ou écouler les trop-pleins.

L'un des premiers besoins d'un pouvoir vraiment paternel, c'est de savoir exactement si la population qu'il dirige aura ou n'aura pas suffisamment de blé pour s'alimenter.

VIII.

Aridité du sujet. — Nombreux témoignages de sympathie. — Indifférence et ignorance publiques. — Bon mot d'une duchesse. — Prescription de la charité. — *To be or not to be.* — Importance du blé. — Observations historiques curieuses. — Conquête du Nouveau-Monde. — Barbarie des peuples américains qui ne connaissaient pas les blés. — De la femme à propos du blé. — Résultats moraux et matériels de l'abondance. — Ce qu'il y a dans un grain de blé. — Observations morales. — La famine. — Ce qui résulterait de la seule diminution d'un quart dans la production du blé. — Disettes sous les règnes de François Ier, Henri IV, Louis XIV et Louis XVI. — Disettes de 1811, 1816, 1817 et 1846. — Ces calamités peuvent revenir. — Il faut les prévenir. — Le danger est moins grand, mais il n'a pas disparu. — Consommation moyenne du blé, par individu, depuis plusieurs siècles. — Dangers permanens. — « Donnez-nous notre pain quotidien. » — Achevons l'œuvre de Dieu.

Lorsque nous avons commencé une série d'articles sur les moyens d'assurer la subsistance des populations, nous n'avons pu nous dissimuler que cette matière, fort importante en elle-même, était dans ses détails assez aride. Nous devions craindre de n'être point compris, et même de n'être pas lu par la partie très nombreuse du public qui, dans la lecture d'un journal, cherche seulement un passe-temps plus ou moins agréable.

Nous n'avons pas reculé devant cette perspective peu encourageante, et nous avons tout lieu de nous en applaudir. De nombreux témoignages nous ont prouvé que nous avions été lu non seulement par les hommes sérieux, mais encore par des gens du monde tout à fait étrangers par leurs habitudes aux combinaisons et aux mouvemens financiers, commerciaux et économiques, sur lesquels repose l'alimentation des peuples, et conséquemment l'existence des sociétés.

Nous voyons là un heureux symptôme de la disposition des esprits à rechercher ou adopter les moyens d'assurer invariablement la subsistance régulière des nations.

Ce n'est pas à dire qu'au moment où nous écrivons, tout le monde comprenne et saisisse dans son ensemble et dans ses détails la gravité de la question des subsistances. Loin de là, il ne manque pas de gens, d'ailleurs fort estimables, très charitables, animés d'une profonde sympathie pour les masses populaires, mais fort ignorans des conditions normales d'existence des sociétés, qui n'ont jamais pensé que les subsistances pussent manquer et qui, par conséquent, ne s'inquiètent guère d'une disette future, possible ou probable.

Ces gens-là ressemblent un peu à cette charmante duchesse du dernier siècle, qui, en pleine disette, répondait de fort bonne foi aux doléances de son entourage sur la difficulté pour les Parisiens de se procurer du pain : « Mais pourquoi les Parisiens ne se nourrissent-ils pas avec de la brioche ? »

Dans tous les temps, la Charité a prescrit de veiller avec soin à ce que la subsistance des populations fût assurée. Aujourd'hui, en présence de l'agitation sourde qui fermente et fermentera nécessairement encore longtemps dans les masses, la régularité des subsistances s'élève à la hauteur d'une question de conservation sociale. C'est pour la société la question d'*être ou n'être pas*. Des esprits frivoles peuvent seuls méconnaître cette vérité.

De charmans diseurs ou faiseurs de riens peuvent dédaigneusement sourire lorsque, devant eux, on parle du blé, *de la nécessité d'assurer l'approvisionnement en blé*. Et pourtant, le blé, c'est l'agent le plus actif, le stimulant le plus énergique de la sociabilité, de la civilisation. Dans l'Europe moderne, les peuples les plus éclairés, les plus moraux, les plus puissans, sont incontestablement ceux chez qui le blé se trouve en plus grande abondance. Il en est de même dans les différentes contrées de la France, si diversement dotées par la nature et par le travail. C'est un fait digne de remarque que, lors de la découverte et de la conquête du Nouveau-Monde, les conquérans trouvèrent sur ce vaste continent, seulement deux contrées civilisées : le Pérou et le Mexique. Et c'étaient les seules où l'on cultivât une céréale : le maïs, l'équivalent du blé.

Les autres nations de l'Amérique, privées de ce puissant véhicule de civilisation, étaient barbares jusqu'à l'antropophagie ! Dans les îles de la Polynésie, le même fait a pu être observé, et, à vrai dire, il est de tous les temps et de tous les lieux. Tandis que dans un grand nombre d'îles florissait le cannibalisme, celle d'O-taïti, abondamment pourvue de moyens de subsistances, abritait une nation heureuse, hospitalière; en un mot une nation civilisée.

Ce qui différencie essentiellement les peuples dans leur état plus ou moins avancé de civilisation, c'est la condition des femmes. Partout où les subsistances peuvent être promptement, facilement et sûrement acquises, la femme devient la compagne et l'égale de l'homme. Le développement de la moralité humaine, la diffusion des lumières, des beaux-arts et des arts du travail, l'abondance des produits matériels, l'extension de plus en plus complète des jouissances du luxe, du comfortable, à un nombre toujours croissant d'individualités humaines : toutes ces choses, qui constituent la civilisation ou la caractérisent, sont liées, il faut bien le dire, à la production, à l'aménagement et à la conservation des grains, de cette plante si modeste, si prosaïque, disons le mot, si vulgaire, qu'on appelle le blé, le froment ou l'épeautre.

Partout où la plante est rare, l'homme est pauvre, méchant et dur pour la femme; la femme est misérable, esclave et contrainte de travailler péniblement pour se nourrir et nourrir son seigneur et maître.

C'est parce que l'épeautre est cultivé chez nous, que l'homme, assuré de son existence, maître de son temps, a pu s'ingénier, s'employer à des recherches, à des inventions utiles ; a pu doubler, tripler, centupler ses forces et son activité. De là les maisons élégantes, les meubles riches, les bijoux, les voitures, les vêtemens somptueux !

C'est parce que le froment couvre les guérets de la Picardie, de l'Artois, de la Normandie, de la Beauce, etc., que ce palais vous abrite, que vos pieds foulent ce tapis, que cette étoffe brillante et soyeuse couvre votre personne, que ce carrosse vous voiture, que cette berline de chemin de fer va vous transporter en un instant à des distances fabuleuses. Que faudrait-il pour que manquassent tout d'un coup palais, carrosse, vêtemens, meubles somptueux, berline et le reste ? Bien peu de chose ; seulement une famine; seulement, pendant deux années consécutives, une diminution d'un quart dans la production de cette pauvre graminée, de ce misérable épeautre, si commun de notre temps aux années d'abondance, si rare parfois pendant le moyen-âge, et que les rois des temps héroïques se trouvaient heureux de pouvoir offrir parfois à leurs hôtes.

Une famine, une disette, dira-t-on, la plaisante idée! Est-ce qu'il y a des famines? Est-ce que des disettes, des famines sont possibles de nos jours? L'idée n'est aucunement plaisante, et disettes ou même famines ne sont nullement impossibles. La France en a subi de cruelles dans tous les siècles; mais dans les siècles passés (1), il s'est écoulé de longues pério-

(1) En voyant l'ordre admirable qui règne en France aux jours de l'abondance et de la paix, on oublie trop les scènes de désolation des temps antérieurs. Qui pourrait croire, en effet, qu'à moins de quatre cents ans de date, la famine a pu forcer les populations françaises à se nourrir des alimens les plus immondes, et les conduire jusqu'à l'antropophagie? Aucun genre de malheur n'a été épargné aux Français; mais le martyre de la faim est celui qui les a le plus fréquemment et le plus énergiquement frappés à toutes les époques antérieures à la nôtre.

Le tableau du prix des grains aux différentes périodes de l'existence de la nation française, constate assez exactement cette longue série de calamités. Ce tableau est curieux à consulter pour l'étude de l'histoire.

De nombreuses disettes précédèrent et suivirent le règne de Charlemagne; elles duraient généralement pendant plusieurs années, et étaient presque toujours accompagnées et suivies de la peste et d'une effroyable mortalité,

Il est impossible de connaître, même d'une manière très approximative, les prix du blé à ces époques reculées; mais en remontant au 13e siècle, nous trouvons que le prix moyen du blé, sous les règnes de Philippe II et de saint Louis, dans une période comprise entre les années 1202 et 1256, ne dépasse pas 3 fr. 87 cent. l'hectolitre; en 1304, il atteint 8 fr. 56 c., et en 1315, il s'élève au prix désastreux pour le temps, de plus de 22 fr. l'hectolitre. En 1341, nous le voyons à 3 fr. 50 c., et deux ans plus tard, en 1343, il coûte plus de 19 fr.; en 1351, sous le règne de Jean, il atteint 26 fr., et plus tard, pendant les trois années 1356, 1359 et 1360, il tombe au dessous de 3 fr., pour remonter à près de 10 fr. en 1361; en 1369, sous Charles V, le blé coûte près de 12 fr. l'hectolitre. Sous Charles VI et Charles VII, la famine et la mortalité durent de 1416 à 1425. Pendant les années 1430, 1432, 1437, 1438, 1439, le blé coûte 15 fr., 17 fr., 22 fr., 30 fr. et jusqu'à 39 fr. A cette époque,

des d'années pendant lesquelles, comme de nos jours, les famines étaient inconnues. Ainsi sous le règne de saint Louis, pendant la fin du règne de Charles VII, pendant toute la durée de ceux de Louis XI, Charles VIII et Louis XII, il n'y eut ni famines ni disettes, et à peine l'histoire signale-t-elle quelques rares années de cherté des grains. Puis, entre les règnes de François Ier et de Henri IV nous retrouvons des disettes et même des famines affreuses. Pendant les dernières

dans une période de soixante-seize ans, depuis 1362 jusqu'en 1438, on compte quarante-trois années de famine. Des auteurs contemporains rapportent qu'en certaines années des malheureux se repaissaient de la chair des cadavres d'animaux et même des hommes morts de maladie ou de faim.

Sous Louis XI, Charles VIII et Louis XII, la France respire un peu. Le prix le plus élevé du règne de Louis XI est en l'année 1482, 6 fr. 68 c.; pendant la plupart des autres années, il est au-dessous de 2 fr.; en 1464, il tombe à 1 fr. l'hectolitre; la moyenne du règne est de 2 fr. Sous Charles VIII et Louis XII, point de famine, de disettes, ou même de cherté notable; le prix moyen s'établit à 3 fr. 76 c. et 2 fr. 69 c. Le prix le plus élevé pendant cette période, c'est 4 f. 51 c. en 1501.

Sous François Ier, nous retrouvons des prix élevés; c'est en 1515, 9 fr. 56 c.; en 1521, 11 fr. 70 c.; en 1529 et suivantes jusqu'en 1532, de 10 fr 50 c. à 14 fr. 50 c. Sous Henri II et Charles IX, les années de cherté sont plus nombreuses que les années ordinaires; le prix du blé s'élève en 1563 à 19 fr. 40 c.; en 66, à 22 fr.; en 67, à 19 fr., et en 1573, au prix excessif de 32 fr. Sous Henri III, les disettes sont plus rares, mais plus intenses; le blé vaut en 1574, 30 fr. 50 c., et en 1587, il atteint le prix de 64 fr. 25 c. On sait que des actes d'antropophagie marquèrent cette année désastreuse

En 1589, année de l'avènement de Henri IV, le prix du blé tombe à 9 fr. 72 c., mais il se relève bientôt à 21 fr. en 90, à 52 fr. en 91, à 31 fr. 50 c.

années du règne de Henri-le-Grand, et toute la durée de celui de Louis XIII, famines et disettes disparaissent de nouveau. Elles recommencent à se manifester sous la minorité de Louis XIV, se tempèrent et cessent complétement de se faire sentir sous l'administration habile et ferme de Colbert, mais font de nouvelles apparitions vers la fin du dix-septième et le commencement du dix-huitième siècle.

Le règne de Louis XV ne fut guère signalé que par quatre ou cinq années de cherté; celui de l'infortuné Louis XVI

c. en 92, à 42 fr. en 95, à 30 fr., 28 fr. et 24 fr. en 1596, 97 et 98. En 1599 et années suivantes, il tombe au-dessous de 20 fr.; en 1602, à 9 fr. 70 c., et ne se rapproche de la limite de 20 fr. que deux fois; en 1603 et 1608, où il vaut 19 fr. 54 c. et 18 fr. 86 c.

Au règne de Louis XIII, la régularité du cours tend à s'établir. De 1610 à 1617, les prix oscillent entre le *maximum* de 12 fr. 90 c. et le *minimum* de 11 fr. 48 c., preuve de l'excellence de l'administration de Richelieu. Quatre fois seulement dans le cours du règne, ils dépassent 20 fr.: c'est en 1618, 23 fr. 76 c.; en 1626, 27 fr. 55 c.; en 1627, 21 fr. 76 c.; en 1632, 25 fr. 17 c. En 1631, ils s'étaient élevés au taux désastreux de 32 fr. 46 c.

Sous Louis XIV, pendant un règne de soixante-douze ans, on compte quinze années de disette ou de cherté, où le blé dépassa 24 fr., prix moyen, et s'éleva jusqu'à plus de 41 fr. Pendant la terrible année 1709, il s'éleva jusqu'à 55 fr. l'hectolitre. Le règne de Louis XV vit deux disettes seulement, celle de 1725 et celle de 1741, où le blé valut 24 et 25 fr. l'hectolitre.

En 1789, le blé s'éleva jusqu'à 29 fr. En 1794 et 1795, disette excessive à Paris. La disparition de la monnaie métallique n'a pas permis d'établir des mercuriales. En 1802, le blé s'éleva jusqu'à 36 fr. l'hectolitre. Depuis 1802, la France a encore vu six années de disette ou de cherté: 1811, 1816, 1817, 1829, 1831 et 1847.

n'en fournit que deux : 1789 et 90. On sait combien elles lui furent fatales. On n'ignore pas ce que fut la disette des années 1793, 94 et 95. Enfin, depuis le commencement du dix-neuvième siècle jusqu'à l'année 1847, la France a subi six disettes; celles des années 1811, 1816, 1817 et 1846 atteignirent, en certains momens et dans quelques localités, une cruelle intensité.

Or, si dans le passé, des famines fréquentes et multipliées ont pu succéder à de longues périodes d'une abondance régulière et permanente, personne ne contestera la possibilité d'un renouvellement de ces cruelles alternatives. Et puisque ce retour est possible, il faut le prévoir et l'empêcher : c'est le devoir des administrateurs dignes de ce nom, et nul homme d'Etat de quelque valeur n'y a jamais manqué.

Nous devons reconnaître qu'aujourd'hui les chances de famine ou simplement de disette se sont amoindries par plusieurs causes :

1° Par les progrès de la culture, qui permettent de retirer d'un même espace de terrain des quantités plus considérables de subsistances ; 2° par le progrès des idées d'ordre, qui rendent la guerre civile sinon impossible, du moins fort rare; 3° par le perfectionnement des voies de communication, qui tend à faciliter et à accélérer de plus en plus les approvisionnemens ; 4° enfin par les changemens survenus dans l'alimentation de la France.

En effet, avant le seizième siècle, la consommation annuelle en blé paraît avoir été de six hectolitres par habitant; pendant le dix-septième siècle, elle est réduite à quatre hectolitres par tête; aujourd'hui, elle n'est plus que de trois hectolitres. On comprend qu'il est plus facile de faire produire à la terre trois hectolitres que six. L'élève du bétail, la culture des plantes légumineuses ont fourni aux populations de nouveaux aliments. Ce qui diminue les causes de disette, mais ne les détruit pas.

Une ou plusieurs années de maladies épidémiques peuvent singulièrement amoindrir la production du bétail et des animaux de basse-cour; l'apparition d'une nouvelle variété d'insectes destructeurs (et sous ce rapport, la nature se montre parfois trop féconde), quelques végétations parasites, analogues à celles qui ont réduit de moitié l'effet utile des pommes de terre, et qui atteignent déjà la vigne, menacent le blé, peuvent avoir, si l'on n'y prend garde, les plus funestes résultats sur l'alimentation générale, et nous ramener des calamités relativement semblables à celles qui ont déjà désolé la France, alors que devant la faim toute moralité, tout ordre et toute justice disparaissaient devant le droit de la force. C'est ce qu'il faut prévoir et éviter.

La science a pénétré bien avant dans les mystères de la nature : par l'emploi de la vapeur et par la mécanique elle a dix fois centuplé les forces de l'homme; par l'électricité appliquée au télégraphe elle se joue du temps et de l'espace: les transformations les plus ingénieuses de la matière sont pour elle devenues des jeux d'enfans. Mais à quoi serviraient tant et de si merveilleuses découvertes de notre temps, si les nations devaient, comme aux siècles passés, se voir exposées encore aux calamités qu'entraînent à leur suite l'inexpérience et la faiblesse des sociétés à leur début?

Depuis dix-huit siècles, tous les peuples européens adressent à Dieu cette prière significative: « *Donnez-nous aujourd'hui notre pain quotidien.* » Ce pain quotidien, si ardemment demandé, Dieu l'a donné aux hommes par le travail; ils le conquièrent au prix d'un rude labeur. Il ne leur reste plus qu'à le conserver par de sages dispositions, par d'utiles mesures générales. C'est l'œuvre des gouvernemens. Ils ne voudront pas en les négligeant manquer au premier, au plus impérieux de leurs devoirs.

IX.

Conservation des grains. — Insectes destructeurs des blés. — Effroyables ravages. — Exposition d'un procédé. — Le Charançon et l'Alucite. — Leur description. — Leurs mœurs. Apparition de l'Alucite en France. — Perte annuelle de deux cent cinquante à trois cent millions de francs! — Effets de l'envahissement de quelques départemens par l'Alucite. — Indifférence des hommes politiques. — Divers procédés de destruction. — Examen de ces procédés. — Leurs inconvéniens. — Leur insuffisance. — Notre moyen. — Les silos et le gaz acide carbonique. — Moyens de procéder. — Evaluation de la dépense.

Pénétré comme nous le sommes des dangers effroyables dont sont menacées les nations modernes par la propagation et le monstrueux développement des insectes destructeurs des blés; convaincu des immenses avantages qui résulteraient pour la France de la découverte de moyens propres à la conservation des grains et à l'anéantissement de ces insectes, nous croyons devoir consigner ici un procédé spécial dont nous avons eu l'idée, et qui nous paraît propre à faire atteindre ce double résultat.

Mais, avant d'exposer ce procédé, nous devons dire quelques mots des insectes destructeurs et de leur action, qui sont trop peu connus.

Nous n'entrerons pas encore ici dans des détails étendus sur les diverses espèces qui attaquent nos bois, nos vergers et nos vignes. Nous ne parlerons pas davantage des végétations destructives des pommes de terre et de la vigne. C'est un sujet qui nous occupera dans un autre chapitre. Il nous suffira de dire en peu de mots les résultats généraux de l'existence des deux plus grands destructeurs de céréales : le Charançon et l'Alucite, l'Alucite, qu'un agriculteur aussi savant qu'habile a appelée avec raison *la terrible Alucite des blés.*

Le Charançon est assez connu ; c'est un petit coléoptère qui se loge à l'intérieur des grains de blé, en dévore la farine et n'en laisse que l'écorce.

Le Charançon n'aime point à être dérangé. Aussi, les agriculteurs, par des pelletages et des criblages fréquens, combinés avec d'autres moyens parviennent-ils à préserver à peu près leurs grains de ses atteintes.

Il n'en est pas de même de l'Alucite : cet insecte, semblable au papillon ou teigne des meubles, si connu par les citadins pour les détériorations qu'il fait subir aux étoffes de laine, dépose ses œufs dans les épis ; il en naît un petit ver blanc qui dévore toute la substance farineuse des grains, et détruit irrémissiblement en quelques mois les blés qui en sont attaqués. On a vu dans l'intervalle d'une récolte à l'autre des réserves de blé réduites des trois quarts par la voracité des Alucites ; et ce qui reste des grains ainsi attaqués ne donne que de la farine détestable, malsaine, dont l'usage, au dire des observateurs, peut devenir mortel. Les ravages de l'Alucite ont été la cause primordiale des déplorables scènes de Buzançais.

Le Charançon est une vieille connaissance pour nos agriculteurs. L'existence de l'Alucite dans nos guérets ne remonte pas au delà d'un siècle : c'est vers 1760 qu'elle a été constatée dans l'Angoumois, où se bornèrent d'abord ses ravages; bientôt ils s'étendirent au Limousin, puis au Berry, puis enfin à la Sologne, au Blaisois, à la Beauce et à d'autres contrées de la France.

Aujourd'hui les agronomes le plus en crédit, évaluent à deux cent cinquante ou trois cent millions de francs la perte que cause *chaque année* à l'agriculture la destruction par les insectes de ses produits de toute nature. Dans cette somme, on estime que les céréales figurent au moins pour moitié, soit cent cinquante millions de valeur et douze à quinze millions d'hectolitres en quantité : sur ces douze à quinze millions d'hectolitres, l'Alucite absorberait la plus grande partie.

Nous croyons n'avoir pas besoin d'insister sur le danger public de l'existence d'une pareille cause de déficit dans les moyens d'alimentation de la France. Que sous l'empire de certaines circonstances météorologiques qui peuvent se présenter, disons mieux, *qui doivent* se présenter tôt ou tard, l'Alucite envahisse instantanément trois ou quatre de nos départemens producteurs, et tout à coup, une diminution d'un cinquième ou d'un quart dans la récolte des blés livre la France aux horreurs d'une famine semblable à celles qui, au moyen-âge, entraînaient à leur suite tout un cortége de fléaux et d'épouvantables misères.

Ce danger qui nous menace de plus près qu'on ne le croit communément, les agronomes, les comices agricoles et les sociétés d'agriculture l'ont prévu et signalé; mais les hommes politiques ont passé outre sans daigner s'en occuper. Jamais sujet ne fut plus digne pourtant de l'attention des hommes sérieux.

On a cherché les moyens, sinon de détruire entièrement les insectes nuisibles, au moins d'atténuer les effets de leur désastreuse présence. Plusieurs procédés ont été indiqués dans ce but. Parmi ceux qui nous paraissent le plus susceptibles d'une application utile, nous croyons devoir indiquer les suivans à l'attention et à l'étude des hommes spéciaux :

1° L'emmagasinage des grains, leur ventilation et leur criblage dans les *Greniers-Vallery*;

2° La dessiccation des grains par l'air chaud;

3° L'introduetion d'un jet de vapeur dans les grains récoltés, battus et rassemblés en monceaux;

4° L'emmagasinage de grains dans des silos spéciaux, construits *ad hoc*, que nous avons imaginés et sur lesquels nous reviendrons tout-à-l'heure (1).

(1) Nos articles étaient composés, lorsque M. Dubreuil, directeur du jardin botanique à Rouen, a bien voulu nous adresser une brochure sur la conservation des grains, publiée par lui en 1837,

Le *Grenier-Vallery*, qui a figuré dans nos expositions industrielles et qui est employé avec avantage par des agriculteurs distingués, consiste en un cylindre ou tambour en bois, mobile, monté sur un axe et porté par un châssis qui l'isole de l'air ou du sol. Des ouvertures pratiquées de distance en distance autour du cylindre et garnies de vitres et de treillis en métal, permettent d'aérer le blé ou de le soustraire au contact de l'humidité. Il nous paraît très possible d'introduire dans un cylindre semblable, soit de l'air fortement échauffé, soit un gaz qui, sans altérer la qualité des grains, donne irré–

et dans laquelle il indique un procédé dont voici la description :

Après avoir battu et vanné le blé, comme cela se pratique habituellement, on crible la menue paille ou *balle* qui s'échappe du van, de façon à la bien purger de toute poussière ; ensuite on mêle un hectolitre de cette paille à chaque hectolitre de blé. Ce mélange bien opéré, le blé doit être enfermé dans un bâtiment sec, dont les murailles soient garnies intérieurement, sur toute leur hauteur, d'un lambris épais en planches bien jointes. Le sol doit être pavé et le local hermétiquement fermé au passage de l'air. L'introduction dans le bâtiment du blé mêlé à la *balle* doit avoir lieu par une ouverture pratiquée au plafond.

M. Dubreuil affirme que le blé ainsi préparé et resserré sèchement à l'abri de l'air en circulation, peut se conserver pendant vingt ou trente ans, à l'abri des ravages des insectes, sans aucuns frais et sans aucune détérioration.

Suivant le savant auteur de la brochure, la conservation du grain est due au dégagement de l'acide carbonique émanant de la *balle* mêlée au grain, acide qui donne irrémissiblement la mort aux insectes et ne permet pas la reproduction de leurs germes. Nous avons cru devoir exposer avec quelques détails le procédé de M. Dubreuil, qui n'est ni dispendieux, ni d'une expérimentation difficile.

missiblement la mort aux insectes destructeurs et aux germes de leur reproduction. La mobilité de ce cylindre et la facilité avec laquelle on peut lui imprimer un mouvement rapide de rotation en font un précieux instrument de nettoyage et de préservation des grains, surtout contre les ravages des Charançons.

Il paraît certain que la dessiccation était le moyen employé par les anciens pour la conservation des grains accumulés dans les greniers et les dépôts publics. Cette dessiccation, au dire de quelques savans, s'opérait en employant la chaleur perdue des bains publics, si nombreux chez les peuples de l'antiquité.

Nous n'avons pas pour la conservation des blés, dans nos campagnes, la disposition du procédé si heureusement appliqué par les anciens. Les bains sont inconnus dans nos villages; mais les applications nombreuses de la vapeur au chauffage fourniraient des moyens faciles et peu dispendieux d'opérer la dessiccation des grains, si l'efficacité de ce procédé était aussi bien et définitivement démontrée qu'elle semble probable. Observons toutefois que la chaleur excessive, loin de nuire à l'Alucite, paraît favoriser son développement et son éclosion.

Ici, d'ailleurs, se présente naturellement une objection importante : la meunerie rechercherait-elle les grains ainsi desséchés? les accepterait-elle comme elle accepte les grains ordinaires? C'est une question à examiner, et dont nous ne saurions trop recommander l'étude aux hommes spéciaux. Dès à présent on peut dire que les grains desséchés à l'air chaud ont paru obtenir peu de faveur.

L'introduction dans les grains d'un jet de vapeur, inventée et proposée par M. Meaupeou.semble avoir été expérimentée sans grand succès ; au moins, nous n'avons pas appris que ce procédé, indiqué depuis plus de quinze ans, ait été appliqué d'une manière un peu générale. Le *Grenier-Vallery* nous paraît, jusqu'à ce moment, de beaucoup préférable.

Voici, quant à nous, un moyen que nous croyons pouvoir être employé avec fruit.

Il n'est pas nécessaire de s'être livré à de longues et profondes études d'entomologie agricole pour comprendre que dans des magasins, ou, si l'on veut, dans des silos construits *ad hoc* et hermétiquement clos, on pourrait conserver les grains pendant de longues années, et les préserver des insectes en employant des procédés qu'indique la science, tels, par exemple, que l'introduction d'un gaz délétère qui tuerait l'animal et son germe sans altérer le grain.

Ces silos, qui peuvent être établis à peu de frais, seraient construits en briques et en ciment fin ; ils devraient être placés à couvert ; on pourrait leur donner la forme de grandes fosses plus longues que profondes. Ils seraient protégés contre l'humidité et le contact de l'air, à l'extérieur, par une couche de bitume ; à l'intérieur, par un enduit d'un mastic nouveau, mais déjà parfaitement éprouvé, d'une dureté excessive, d'un prix modique et qui, convenablement employé, ne laisserait pas pénétrer la moindre parcelle d'air ou d'humidité. Depuis les belles découvertes de M. Vicat, pour la formation des chaux maigres, la production des enduits les plus imperméables est devenue tellement simple et facile, qu'on peut la considérer comme un jeu d'enfant pour nos habiles constructeurs. Le silo serait voûté de la même manière. De distance en distance, sur la voûte, seraient pratiquées des ouvertures ou *Trous-d'homme*, fermées par des plaques de métal, comme le sont les égouts des villes: seulement, les jointures de ces plaques seraient lutées hermétiquement, de manière à intercepter parfaitement le passage de l'air. C'est par les *Trous-d'homme* que seraient emplis et vidés les silos et inspectés les grains qu'ils contiendraient.

On pourrait tout aussi bien établir des constructions à peu près analogues soit aux rez-de-chaussée, soit dans les greniers, pourvu qu'elles réunissent la triple condition d'être à l'intérieur *absolument* privées d'air, de lumière et d'humidité.

Le but que nous nous proposons par l'établissement de ces magasins, ou silos, quel que soit le nom qu'on veuille leur donner, c'est d'arriver, par l'emploi des gaz non respirables, à la destruction instantanée de tous les insectes parasites et de leurs germes, dans les blés mis en réserve, en attendant le moment de leur vente pour la consommation.

En effet, il serait facile, au moyen de deux tubes ou robinets placés, l'un à l'extrémité inférieure, l'autre à l'extrémité supérieure du silo, d'en soustraire l'air atmosphérique et de le remplir de gaz acide carbonique.

La première opération se ferait à l'aide d'un simple fourneau d'appel dont la combustion s'alimenterait par l'air contenu dans le silo ; l'air sortirait par l'orifice inférieur. La seconde opération se ferait en même temps que la première. Tandis que l'air du silo serait aspiré par la combustion, un fourneau placé à l'extrémité opposée introduirait par l'orifice supérieur, dans le silo, le gaz carbonique obtenu par l'emploi facile et peu dispendieux du charbon ou de la braise de bois. Il ne serait peut-être pas nécessaire que tout l'air vital fût enlevé : l'addition d'une certaine quantité de gaz suffirait, aucun être vivant ne pouvant subsister au milieu d'une semblable atmosphère ; les grains placés dans ces conditions seraient expurgés de tous les insectes destructeurs et échapperaient sûrement à leurs ravages. Peut-être même l'absence d'air respirable et de lumière dans le silo suffirait pour tuer les Alucites et leurs germes; c'est du moins ce qui semble résulter d'expériences antérieurement faites. En somme, le moyen général de destruction des insectes nuisibles, c'est la privation d'air respirable et de lumière.

L'établissement des silos ne serait pas

au-dessus de l'intelligence d'un bon ouvrier ; nos maçons auraient bientôt acquis la pratique de ces constructions, qui deviendraient promptement usuelles dans les grandes exploitations agricoles, et de proche en proche se répandraient ensuite dans les petites. Un agriculteur médiocrement intelligent pourrait opérer lui-même la soustraction de l'air vital et l'injection de l'acide carbonique dans le silo, pourvu qu'il possédât un petit appareil propre à cet usage, et qu'une fois seulement cet appareil simple et peu coûteux eût fonctionné sous ses yeux.

Nous avons calculé que la construction d'un silo de la contenance de 1,000 hectolitres coûterait envion 4,000 fr. Un silo de 100 hect. à l'usage des petites exploitations, pourrait coûter de 500 à 600 fr. (1). Comme on le voit, une semblable

(1) Il existe en France beaucoup de petites exploitations, et le nombre de celles qui peuvent posséder une réserve de 1,000 hectolitres est peu considérable. En effet, 1,000 hectolitres de froment sont le résultat de la culture de 77 hectares de terre à raison de 13 hectolitres en moyenne par hectare.

Voici, suivant M Moreau de Jonnès, les *maxima* et les *minima* de la production du blé en France, en hectolitres et par hectares, dans les départemens qui fournissent le plus et le moins :

Maxima : Nord, 20 hect. 74; Seine-et-Oise, 19 hect. 55; Oise, 18 h. 76; Somme, 18 hect. 55; Seine-et-Marne, 17 hect. 85; Bas-Rhin, 17 hect. 79; Aisne, 17 hect. 10; Finistère, 16 hect. 88; Côtes-du-Nord, 16 hect. 78; Pas-de-Calais, 16 hect. 61.

Minima : Gard, 8 hect. 90; Landes, 8 hect. 62; Vaucluse, 8 hect. 55; Creuse, 8 hect. 25; Basses-Alpes, 8 hect. 19; Lozère, 7 hect. 96; Cantal, 7 hect. 70; Dordogne, 7 hect. 59; Loire, 7 hect. 48; Lot, 6 hect. 78.

dépense ne serait pas au-dessus des facultés pécuniaires de beaucoup d'agriculteurs et surtout des propriétaires. L'obstacle le plus lent à surmonter viendrait sans doute de la puissance de l'habitude, de la force de la routine ; il faut appeler les choses par leur nom. Mais la routine est difficile et non impossible à vaincre. D'ailleurs le péril qui résulte des ravages des insectes est trop grand pour qu'on n'emploie pas tous les moyens possibles pour le conjurer.

Quoi qu'il en soit, nous livrons notre idée aux hommes spéciaux, telle que nous l'avons conçue ; nous l'abandonnons à leur examen et à leur critique, afin qu'avec leur aide elle puisse se perfectionner et passer du domaine de la théorie dans la réalité des faits.

X.

Comment nous entendons l'établissement des silos. — Tout est dans ces conditions : 1° absence d'air ; 2° absence de lumière ; 3° absence d humidité. — Les greniers peuvent servir. — Nous revenons aux insectes. — Esprit de routine. — Il ne résisterait pas à l'observation des faits. — Il faudrait vulgariser les moyens de conservation des grains. L'intérêt personnel triomphera de la routine. — Le gouvernement doit prendre l'initiative et encourager les efforts faits par la science pour découvrir les moyens de conserver les céréales. — C'est ainsi que la vaccine s'est vulgarisée.— Les huttelottes. — Primes pour la destruction des insectes nuisibles. — Nous ne prétendons pas résoudre toutes les difficultés. — Nous provoquons à l'étude ; nous cherchons des moyens. — Création d'une commission scientifique. — Récompenses considérables. — Philippe de Girard. — Mieux vaut sacrifier un million que d'en perdre cent. — Heureuse initiative prise par Louis Bonaparte.

Quelques personnes ont élevé des doutes sur l'efficacité des silos pour la conservation des grains, ou nous ont fait des objections tirées de l'impossibilité de préserver les céréales de l'humidité dans des constructions souterraines. Nous devons répondre aux objections et dissiper ces doutes.

D'abord, nous croyons qu'en bâtissant dans de bonnes conditions et *à couvert* des magasins ou silos de quatre à cinq pieds de hauteur, on peut aisément obtenir des constructions souterraines parfaitement sèches. Mais ce n'est pas tout. En indiquant pour la conservation des grains l'emploi des silos, nous n'avons nullement prétendu qu'ils devraient être établis souterrainement, comme ceux des Arabes; ils pourraient l'être, au contraire, soit au rez-de-chaussée, soit même à des étages supérieurs.

Un grenier, une chambre haute feraient l'office de silos, si les murs, les plafonds ou les couvertures et le sol des chambres ou des greniers étaient suffisamment crépis ou bitumés pour que l'air extérieur, l'humidité et la lumière n'y pussent pénétrer. Toutes les formes, tous les modes de construction seraient bons, pourvu que ces trois conditions fussent remplies : 1° absence d'air; 2° absence de lumière; 3° absence d'humidité.

On pourrait même, dans les fermes dont les habitations n'ont qu'un rez-de-chaussée, établir ces magasins dans les greniers; y introduire le blé par un orifice supérieur, et l'en retirer, pour les besoins de la vente, par un trou pratiqué au plancher et semblable aux guichets, aux *judas*, si fréquemment employés dans les boutiques parisiennes et même dans les habitations rurales.

Il n'est point d'habitation rurale, point de ferme surtout où il n'existe un grenier. Rien ne serait plus facile que d'y faire à peu de frais des constructions du genre de celles indiquées par nous, et d'une dimension proportionnée à l'importance de l'exploitation agricole, si modeste ou si étendue qu'elle soit.

Ceci dit, nous revenons aux insectes destructeurs et aux moyens de conservation des grains.

En indiquant dans notre dernier article des procédés que nous croyons efficaces pour la conservation des grains, nous avons signalé l'esprit de routine comme un obstacle à leur adoption. Toutefois, on doit admettre que l'efficacité en étant une fois reconnue, leur emploi ne souffrirait aucune difficulté dans les magasins de consignation établis dans les grandes villes, les localités maritimes et les grands centres de production.

Là, non seulement la construction des silos, la dessiccation des blés, l'insufflation de jets de gaz acide carbonique dans les masses de grains, pourraient être utilisés, mais elles seraient indispensables. Or, il nous paraît certain que l'agriculteur des campagnes, en voyant les grains conservés à la ville par des procédés dont l'appréciation pourrait être facilement faite par lui, ne persévérerait pas longtemps dans ses vieilles habitudes, ferait plier l'esprit de routine devant l'observation des faits, et s'empresserait d'adopter pour lui-même des procédés dont l'excellence lui serait incontestablement démontrée par des exemples.

Les moyens de conservation des grains pourraient et devraient être en outre indiqués et enseignés avec fruit par les hommes chargés de l'administration des Comptoirs de prêts agricoles. Il ne faut pas oublier que ces Comptoirs rendraient aux agriculteurs le plus grand et le plus signalé service qu'ils puissent être appelés à recevoir : celui de leur prêter les capitaux qui leur manquent. Or, il n'y a point de gens mieux placés pour faire écouter leurs avis et leurs conseils que ceux qui obligent les hommes auxquels ces avis et ces conseils doivent être utiles. Une chose certaine, c'est qu'entre deux agriculteurs qui voudront emprunter, les préférences de l'établissement prêteur seront toujours pour l'emprunteur prévoyant et sagace qui, par l'emploi de moyens intelligens, aura pris des précautions salutaires pour la conservation de ses récoltes. Et comme l'agriculteur aura toujours le désir de voir s'accroître ses facilités de crédit, nul doute qu'il ne s'empresse de saisir tous les moyens d'arriver à ce résultat. Ici, l'intérêt personnel aura bientôt triomphé de la routine.

Pour la solution des difficultés de la question qui nous occupe en ce moment, il est d'ailleurs un élément très puissant dont il faut tenir compte, c'est l'action du gouvernement. Il est certain qu'en ceci, comme en beaucoup d'autres choses, le gouvernement peut exercer une très salutaire influence. Au point où est parvenue la science dans l'étude de la conservation des blés, il n'est pas impossible d'obtenir d'une réunion d'agriculteurs éclairés des instructions détaillées sur les meilleurs moyens de conservation des grains.

De semblables instructions seraient, à coup sûr, parfaitement accueillies par l'immense majorité des cultivateurs à qui les avis de l'autorité inspirent et inspireront toujours une grande confiance. En les provoquant et les publiant, M. le ministre de l'agriculture ne ferait que suivre les traditions les plus respectables. C'est sous l'influence des recommandations officielles que la vaccine a pu être vulgarisée dans nos campagnes et en faire disparaître à peu près la variole.

Nous avons vu, il y a peu d'années, un ministre du commerce recommander la réunion en huttelottes, suivant la méthode belge, des javelles répandues sur les champs récemment moissonnés, et ce nouveau procédé de conservation des gerbes a peut-être économisé des millions à l'agriculture française.

Nous n'oublions pas d'ailleurs que, dans sa dernière session, le Congrès central d'agriculture a, par un vœu formel, prié le gouvernement de faire étudier les moyens d'arriver à la destruction des insectes nuisibles, et d'*instituer même des primes pour cet objet*. L'émission de ce vœu suffirait seule pour déterminer l'action du gouvernement, puisqu'elle peut préserver la France d'une perte annuelle qui, au dire des hommes compétens, varie entre deux et trois cent millions dont moitié porte sur les céréales, soit la valeur de la nourriture de plusieurs millions d'hommes.

Nous sommes bien loin, au reste, de prétendre résoudre toutes les difficultés de la question. Nous lui croyons une haute importance, puisque les insectes destructeurs se multiplient au point de faire craindre pour l'approvisionnement général de la France. Nous voulons surtout appeler l'attention publique sur ce sujet, et en provoquer l'étude afin d'arriver à une solution. Les moyens proposés par nous sont incomplets, insuffisans, nous n'en doutons pas ; mais nous désirons fermement qu'on en propose d'autres plus énergiques, plus sûrs, plus efficaces.

Nous concevons plusieurs manières d'obtenir des résultats décisifs pour la destruction des insectes nuisibles.

L'un de ces moyens serait de charger de nombreux et consciencieux savans de se livrer aux recherches et aux travaux que comporte le sujet, en leur allouant largement les ressources indispensables aux expériences et aux observations inséparables de pareilles recherches.

Un autre moyen, suite et complément du premier, serait d'accorder des primes ou des récompenses considérables à toute personne qui, par l'étude, l'observation des faits, ou même par hasard, aurait découvert des procédés de destruction des nombreux ennemis de nos produits agricoles : que ces ennemis appartiennent au règne animal, comme l'*Alucite*, le *Charançon*, le *Puceron*, etc., ou au règne végétal, comme les *Champignons*, *Sporules*, *Cryptogames*, etc.

Le chiffre des récompenses devrait être gradué suivant le plus ou moins d'efficacité de la découverte et l'importance des résultats obtenus. Mais il est une condition essentielle et unique de succès : c'est que le gouvernement soit extrêmement libéral dans la fixation de ces primes, tout en ayant soin de ne les accorder qu'aux auteurs de découvertes réellement utiles. On ne doit point oublier qu'il s'agit, d'une part : 1° d'empêcher la destruction certaine, périodique et inévitable de huit à dix millions d'hectolitres de céréales que dévorent les insectes et qui ne représentent pas moins de cent à cent cinquante millions de francs chaque année; 2° d'autre part, pour consolider le crédit sur consignation de blé, de *rendre indestructible le gage qui en sera la base*. En présence de résultats aussi importans, il ne faut pas craindre la dépense. Un peuple qui supporte un budget annuel de 1,500,000,000 francs s'estimerait heureux de payer en dix années trois ou quatre millions de primes à des hommes laborieux qui seraient parvenus à découvrir les moyens d'assurer la sécurité et l'existence de tous.

Nous aimerions mieux voir un agriculteur enrichi tout à coup d'un million, par une heureuse découverte, qu'un joueur enrichi par un billet de loterie. Philippe de Girard a trouvé le moyen de filer le lin par des procédés mécaniques, parce que l'Empereur avait promis un million de récompense à l'auteur de cette découverte. L'invention, sans cette promesse, se fût sans doute fait attendre bien longtemps.

Le Prince-Président de la République vient de suivre en cela l'exemple que lui avait donné l'Empereur. Louis-Napoléon, par un décret du 23 février dernier, a offert une prime de 50,000 fr. à l'auteur de la découverte qui appliquerait avec économie la pile de Volta, soit à l'industrie comme source de chaleur, soit à l'éclairage, soit à la chimie, soit à la mécanique, soit à la médecine pratique. Il est permis d'espérer d'heureux résultats de cet appel du Prince aux savans, et nous félicitons l'intelligent ministre de l'instruction publique M. Fortoul d'avoir eu le bonheur d'entrer le premier dans cette voie féconde et nouvelle. Ce ne sont pas de chétives récompenses de cinq cents francs, comme celles dont disposent les sociétés savantes, qui peuvent déterminer des hommes souvent pauvres à s'occuper de pareilles recherches. Nous nous proposons d'ailleurs de traiter prochainement ce sujet avec toute l'étendue que mérite son importance.

Rappelons, en terminant, que la création des Comptoirs de prêts sur consignation de blés devra être un puissant auxiliaire de la mise en action des moyens de destruction des insectes, de préservation et de conservation des grains.

XI.

Prêt sur consignation de céréales. — Réalisation facile — Sacrifices supportés par le cultivateur. — Il faut qu'il ne vende plus à perte. — J'ai du blé, donc j'ai de l'argent. — Chaque cultivateur spéculerait pour son propre compte.— Les disettes ne sont plus possibles.—Conditions du prêt.— Equilibre favorable au producteur et au consommateur.— Approvisionnemens dans les ports et les grands centres. — Ni pénurie ni encombrement. —Résumé du mécanisme des opérations. — Comptoirs cantonaux et Comptoirs spéciaux. — Bases de l'intervention de l'Etat. — Modifications à apporter à la législation actuelle.

De tous les moyens de faire pénétrer le crédit dans les habitudes des agriculteurs, le prêt sur consignation de céréales est le plus simple, le plus sûr et le plus pratique. Sa réalisation ne peut rencontrer aucun obstacle sérieux ; elle se fera aussitôt que l'Etat le voudra.

Le cultivateur possède dans ses granges ou ses greniers du blé que bien souvent il ne trouve point à vendre pour la consommation. *Ce blé vaut de l'argent.* Néanmoins, pour avoir de l'argent, il faut que le cultivateur supporte les plus grands sacrifices, qu'il emprunte à usure, ou qu'il livre, à vil prix, ses récoltes si péniblement obtenues.

Le blé est cependant d'une telle indispensabilité, le débouché en est si infaillible, qu'on peut être assuré qu'après quelques années, le prix s'en relèvera. Il faut donc mettre le cultivateur en position de n'être jamais obligé de vendre à perte et de pouvoir attendre le moment où la consommation aura besoin de sa denrée.

Par la création des Comptoirs de prêts sur consignation, le cultivateur pourrait toujours se dire : *J'ai du blé, donc j'ai de l'argent à quatre pour cent.*

Quelle aisance une telle innovation ne répandrait-elle pas dans les campagnes? quelle impulsion n'imprimerait-elle pas à l'agriculture ?

Mais ce n'est pas tout. Il n'y aurait plus à craindre que des exportations intempestives à l'étranger vinssent enlever à la France *les ressources alimentaires de sa réserve naturelle.* Chaque cultivateur, pouvant conserver chez lui ses grains en excédant, deviendrait spéculateur pour son propre compte. *Chaque grange, chaque grenier serait un véritable grenier d'abondance.*

Cette faculté de conservation donnée aux cultivateurs, pourrait bien n'être pas tout à fait du goût des spéculateurs en titre, des prêteurs d'argent à gros intérêt ; mais comme elle préviendrait nécessairement les disettes en même temps que les hausses exagérées ou les baisses désastreuses, comme, en un mot, elle aurait les plus avantageux résultats dans l'intérêt général, le pays se consolerait facilement.

D'ailleurs les Comptoirs ne prêteraient sur consignations de grains que dans le cas où, sur les marchés, les céréales n'auraient pas dépassé leur prix normal, soit 17 à 19 francs l'hectolitre. Le prêt sur consignation ne deviendrait ainsi jamais la cause d'un enchérissement anormal : il serait, au contraire, le point de départ d'un équilibre relatif, aussi favorable au consommateur qu'au producteur.

Cet équilibre serait maintenu d'autant plus sûrement, que la réforme des lois sur les céréales permettrait de tenir sans cesse disponibles, dans nos ports et dans nos grands centres de production et de consommation, des approvisionnemens suffisans pour prévenir les chertés excessives.

Il y aurait là une heureuse combinaison qui rendrait également impossibles la pénurie et l'encombrement.

Les moyens propres à la mise en jeu de cette combinaison seraient des plus simples. Quoique nous les ayons déjà exposés, nous croyons devoir les rappeler sommairement.

Il y aurait lieu de créer, au nombre de deux cents environ, des établissemens de prêts sur consignation de céréales, qui prendraient le nom de *Comptoirs cantonaux ;* ces Comptoirs prêteraient de l'argent aux cultivateurs, à raison de 4 0[0 au plus, et jusqu'à concurrence de 10 fr., 12 fr. au plus, par chaque hectolitre de blé consigné. *Les blés resteraient au domicile de l'emprunteur, à la condition de fournir deux cautions garantissant l'existence et le maintien du gage dans ses greniers.*

A côté des Comptoirs cantonaux seraient créés, dans les chefs-lieux des départemens producteurs de céréales, trente-cinq à quarante établissemens, qui prendraient le nom de *Comptoirs départementaux*; ces Comptoirs escompteraient à 2 1|2 0|0 le papier souscrit par les emprunteurs aux Comptoirs cantonaux. Puis la Banque de France escompterait, par ses succursales, au taux de 2 pour cent, le papier des Comptoirs cantonaux, endossé par les Comptoirs départementaux. Ainsi se trouverait réalisée la garantie des trois signatures exigée pour l'escompte par les statuts de la Banque de France.

Mais comme la Banque de France n'escompte pas au-dessous de 3 0|0, l'Etat serait appelé à lui bonifier 1 0|0 sur l'ensemble de ses opérations.

Nous supposons que la masse des escomptes ainsi opérés pourrait s'élever à cent millions; la subvention annuelle à fournir par l'Etat serait donc, dans ce cas, d'un million à peu près.

Indépendamment de l'organisation indiquée ici, des *Comptoirs spéciaux* devraient être créés, avec des formes différentes, dans les grandes villes maritimes, telles que Marseille, Bordeaux, le Havre, Dunkerque, etc.; dans les grands centres de production, tels que Chartres, Soissons, etc.; dans les grands centres de consommation, tels que Paris, Lyon, Strasbourg, etc., afin d'y former naturellement, par la consignation, des réserves, auxquelles on aurait recours au moindre symptôme de cherté, de manière à prévenir jusqu'aux appréhensions de disettes.

A ces Comptoirs spéciaux pourraient être annexés des magasins pourvus de silos construits, soit d'après le système que nous avons signalé, soit d'après tout autre système jugé plus efficace (1). Là, les grains seraient conservés à l'aide de tous les moyens indiqués ou à indiquer par la science pratique et l'esprit d'observation.

Les Comptoirs de prêts auxquels seraient annexés ces grands magasins pourraient offrir des conditions plus favorables aux emprunteurs, puisque ceux-ci seraient dessaisis de leur denrée. Ces Comptoirs prêteraient sur la garantie de deux déposans qui s'engageraient solidairement et dont la réunion avec l'endos du Comptoir spécial fournirait les trois signatures indispensables pour l'escompte par la Banque de France.

L'organisation nécessiterait autant de petites sociétés locales qu'il y aurait de Comptoirs, et le peu d'importance des capitaux qu'elles exigeraient en rendrait la constitution plus facile. Quant aux voies et moyens, ils peuvent être établis comme il suit.

(1) Par *silos* nous n'entendons pas seulement des *constructions pratiquées dans le sol*, mais même des constructions de tout genre dans lesquelles on puisse enfermer les grains, à l'abri de l'humidité, de l'air et de la lumière, *et qui peuvent être établies dans le grenier*.

1° Le capital de 200 *Comptoirs cantonaux* pourrait être de 100,000 fr., dont 20,000 fr. en espèces et 80,000 fr. en garanties hypothécaires;

2° Le capital des 35 à 40 *Comptoirs départementaux* ou des *Comptoirs spéciaux* pourrait être, en espèces : de 40,000 fr.; en garanties hypothécaires, de 160,000 francs.

Soit, au total, pour tous les Comptoirs, 28 millions, dont 5 millions 600,000 fr. seulement en espèces et le surplus en garanties.

L'organisation des Comptoirs de prêts agricoles suppose nécessairement l'intervention de l'État :

1° Pour la création même des Comptoirs *qui ne se fonderont pas tout seuls*, et sans qu'une impulsion leur soit donnée ;

2° Pour les modifications à apporter à la législation de manière à rendre applicables à l'agriculture les lois commerciales relatives au prêt sur consignation des marchandises *au domicile de l'emprunteur ;*

3° Pour les modifications à apporter à la loi qui régit l'entrée des céréales étrangères en France, c'est à dire à l'*Echelle mobile;*

4° Pour la subvention à fournir par l'Etat, afin que le papier des emprunteurs puisse être escompté à 2 0|0 par la Banque de France.

L'intervention du gouvernement, dans cette circonstance, ne saurait rencontrer d'obstacles: c'est par elle que la création de la Banque de France a pu et pouvait seule s'effectuer ; c'est par elle que toutes nos institutions ont pu être fondées. Ce qui s'est fait dans le passé indique ce qui doit l'être dans le présent. L'agriculture n'a pas moins besoin aujourd'hui de capitaux que l'industrie et le commerce, lorsque l'Empereur fonda la Banque de France. La régularité, la fixité du prix des subsistances, la sûreté de l'approvisionnement en céréales, d'une nation telle que la France, sont essentielles en tous temps et sous tous les régimes ; elles sont commandées à tous les pouvoirs, non moins par le sentiment vrai des besoins des peuples que par les nécessités de l'ordre public et de la conservation des gouvernemens.

Les changemens à faire dans la législation commerciale pour faciliter la consignation des grains *au domicile de l'emprunteur* ne seraient l'objet d'aucune difficulté.

Les modifications à apporter à la législation qui régit, en France, le commerce de blés étrangers ne sauraient être des obstacles insurmontables aux combinaisons indiquées par nous. Il y a longtemps que tous les bons esprits sont d'accord sur cette double vérité : que *l'échelle mobile n'a jamais protégé efficacement le producteur, et n'a eu d'autre résultat que de ruiner le consommateur.* L'agriculture serait bien autrement protégée par une institution qui mettrait le cultivateur en position de pouvoir toujours se dire : « *Lorsque j'ai du blé, j'ai de l'argent.* »

Quant à l'intervention financière du gouvernement, par une subvention annuelle d'un million, nous ne croyons pas qu'elle rencontre, parmi les hommes éclairés et amis de leur pays, de sérieux adversaires. Ne vaut-il pas mieux dépenser sciemment un million chaque année pour assurer l'alimentation publique et le bon ordre, que de dépenser dix fois plus d'une manière irrégulière et inefficace?

Si, comme nous en sommes profondément convaincu, on peut, par les Comptoirs de prêts sur consignations de céréales :

1° Doter l'agriculture du crédit qui lui est demeuré étranger jusqu'ici;

2° Assurer aux producteurs de blé un prix rémunérateur;

3° Garantir la population tout entière contre les disettes;

4° Provoquer la découverte de procédés propres à la destruction des insectes nuisibles,

Jamais bienfait plus grand n'aura été obtenu à moins de frais et d'efforts.

Aujourd'hui la France est calme, paisiblement livrée au travail, jouissant d'une heureuse abondance. Le moment nous paraît venu pour les pouvoirs publics de résoudre cette question complexe de crédit pour l'agriculture, de régularité des subsistances pour les populations. On ne la résoudra qu'après l'avoir fait examiner par des hommes éclairés et compétens, avec tout le soin et toute la maturité que méritent la gravité et l'importance du sujet.

XII.

Résumé. — Le blé donné aux bestiaux en 1849, 1850 et 1851. — Il faut que le blé ne tombe jamais au-dessous du prix de production. — Quelques faits historiques et de statistique. — Autres insectes destructeurs du blé. — Une cigale qui n'est pas celle de Lafontaine. — Consommation du blé par habitant, dans chaque département. — C'est une question humanitaire. — Pourquoi nous n'avons pas fait entrer les graines grasses et les autres produits agricoles dans la question. — Le blé est la base de la richesse du cultivateur, comme il est la base de l'alimentation de l'homme. — Conclusion.

Nous croyons avoir démontré qu'au moyen de quelques institutions, simples, faciles à créer et d'une dépense très minime, on pourrait :

1° Venir efficacement en aide à l'agriculture, la première et la plus importante branche de l'industrie française, en lui fournissant des capitaux à bon marché ;

2° Assurer à la population française du pain à un prix raisonnable et surtout aussi régulier que possible, dans tous les temps ;

3° Prévenir les disettes, le fléau le plus redoutable pour les riches aussi bien que pour les pauvres, dans tous les temps et chez toutes les nations ;

4° Assurer, en prévenant les disettes, la stabilité des bons gouvernemens, qui perdent surtout l'affection des peuples, parce que ceux-ci, aux époques où le pain est cher, attribuent tous leurs maux aux pouvoirs publics.

Nous allons résumer ces données principales exposées dans les chapitres précédens.

L'agriculture manque de capitaux et n'en trouve point à emprunter : après des récoltes abondantes, elle est contrainte de vendre à vil prix ses denrées pour se procurer de l'argent. Il faut soustraire l'agriculture à cette nécessité en organisant au profit des cultivateurs des Comptoirs de prêts sur céréales, véritables banques agricoles, où ils trouveront de l'argent à de bonnes conditions sur la consignation de leurs grains à domicile, en donnant toutes les garanties désirables pour la sécurité des prêteurs.

La classe laborieuse souffre particulièrement des écarts excessifs qui se manifestent entre les *minima* et les *maxima* des prix des grains En 1847, le pain s'est vendu couramment en France, jusqu'à 65 centimes le kilog. A d'autres époques, ce prix a été dépassé. Le pain à 6 sous la livre, c'est pour l'ouvrier et le paysan la misère. Il faut assurer à l'un et à l'autre le pain à un taux raisonnable, tel que celui où il est vendu lorsque le blé vaut, au *maximum*, de 18 à 20 francs l'hectolitre.

L'agriculteur souffre de l'abaissement excessif du prix du blé aux époques d'abondance, beaucoup plus encore que ne profitent de cet abaissement, lorsqu'il se produit, le paysan et l'ouvrier. Ainsi, en

1849, 1850 et 1851, faute de pouvoir le vendre, on a donné aux bestiaux le blé que plus tard sans doute on eût été fort heureux de retrouver ; le blé était délaissé sur les marchés ou dans les fermes, au prix de 13, 12 et même 11 francs l'hect. Et cependant ce prix est ruineux pour l'agriculture : il ne représente pas, à beaucoup près, les frais de production.

Il faut tout disposer de telle sorte que le blé ne s'avilisse jamais aussi fortement sur nos marchés ; car si l'agriculteur perd, tout le monde se ruine, et l'avilissement d'une année, en excitant le gaspillage des blés, en réduisant les cultures, prépare des prix excessifs pour les années qui suivront.

En 1847, sur dix millions d'hectolitres de grains achetés précipitamment à l'étranger, la France a perdu au moins deux cent millions, sans compter les pertes générales causées par la cherté. En effet, quand le grain est cher tout travail est arrêté, toute consommation autre que celle du pain est suspendue. Ces pertes-là ce n'est pas par millions qu'on les évalue : c'est par milliards. En 1851, par suite de l'abondance des récoltes, cinq millions et demi d'hectolitres de grains ont été vendus à vil prix, de onze à treize francs, à l'étranger, par la France, qui devra très certainement en racheter plus tard à un prix plus que double.

Ce fait, si désastreux d'une vente à des prix avilis et d'un rachat à des prix exorbitans, n'est pas nouveau. Il s'est produit à toutes les époques. Dans les années qui précédèrent 1789, la France avait exporté des blés que, en 1790, elle était forcée de racheter à grands frais. Plus tard, pendant les trois années qui précédèrent la disette de 1811, la France vendit son blé, qu'elle dut racheter les trois années suivantes. On sait qu'en 1811, le blé s'éleva jusqu'au prix de 66 fr. l'hectolitre, et on l'avait précédemment vendu de 12 à 14 francs. Ce sont là des opérations non moins absurdes que désastreuses. Il faut s'en abstenir, et conserver, par des moyens simples, sur le sol et dans les greniers de nos campagnes, l'approvisionnement de la France.

Les insectes, *Charançons*, *Alucites*, etc., détruisent chaque année, rien qu'en grains, la valeur de cent cinquante millions : nous ne parlons pas des autres animaux qui s'attaquent à tous les produits de la terre (1). Admettons que la destruction des blés atteigne dix millions d'hectolitres ; supposons seulement, si l'on veut, cinq millions d'hectolitres. Ce sera encore le triple de ce que consomment en blé les onze départemens réunis des Pyrénées-Orientales, de l'Ariége, de l'Allier, des Hautes-Alpes, de

(1) Ce ne sont pas seulement les insectes *aujourd'hui connus* qui attaquent ou menacent les blés. Indépendamment d'une espèce de cigale, dont l'existence s'est tout récemment révélée, et qui paraît attaquer et détruire la plante en herbe, le champignon ou sporule de la vigne semble devoir étendre ses ravages jusque sur les céréales. Un agronome fort instruit nous a cité en ce genre des faits bons à connaître, et sur lesquels nous nous proposons de publier, après plus ample informé, de curieux renseignemens.

l'Ardèche, de la Loire, de la Creuse, de la Haute-Loire, de la Lozère, du Morbihan et du Cantal : plus de trois millions d'hommes !!! (1)

Par les Comptoirs de consignation, l'agriculture trouvera en partie les capitaux qui lui manquent.

Après la réforme de notre Échelle mobile des droits de douane sur les céréales, le négoce français pourra se livrer au commerce des grains, ouvrir une source nouvelle d'activité au pays, et assurer l'approvisionnement aux époques de rareté, de manière à prévenir la cherté des blés.

Des réserves se formeront chez les agriculteurs dans les grands centres de consommation, de production, et dans de grands entrepôts placés dans les principales villes maritimes de France. Les disettes seront alors devenues à peu près impossibles.

(1) La consommation du blé en moyenne, par année et par habitant, se répartit ainsi dans les départemens dont les noms suivent :

Ariége, 87 litres ; Allier, 60 litres ; Haute-Vienne, 54 litres ; Morbihan, 50 litres ; Ardèche, 46 litres ; Finistère, 45 litres ; Corrèze, 41 litres ; Lozère, 31 litres ; Loire, 26 litres ; Creuse, 26 litres ; Haute-Loire, 21 litres ; Cantal, 18 litres. Ces départemens ensemble ont une population de plus de quatre millions d'habitans.

Les neuf départemens qui consomment le plus de blé sont les suivans :

Gers, 3 hectolitres 07 litres par année et par habitant ; Tarn-et-Garonne, 3 hectolitres 06 litres ; Calvados, 2 hectolitres 89 litres ; Seine-et-Marne, 2 hectolitres 86 litres ; Bouches-du-Rhône, 2 hectolitres 86 litres ; Lot-et-Garonne, 2 hectolitres 84 litres ; Seine, 2 hectolitres 72 litres ; Seine-Inférieure, 2 hectolitres 54 litres ; Seine-et-Oise, 2 hectolitres 53 litres. Ces neuf départemens ont ensemble 4,500,000 habitans.

Par l'action combinée de l'autorité publique et des administrateurs de Comptoirs de prêts ; sous l'impulsion donnée par l'offre officielle de récompenses aux inventeurs de procédés propres à la destruction des insectes nuisibles, les méthodes et les instrumens pour la préservation des grains se vulgariseraient et se généraliseraient. Il y aurait là, pour toute la population française, la perspective d'un inappréciable bienfait.

Le concours pécuniaire de l'Etat, dans la limite d'une subvention annuelle d'un million, serait nécessaire. Le gouvernement sans doute n'hésiterait point à l'accorder en songeant qu'au moyen de cette subvention, il peut : 1° Accroître d'une manière permanente l'aisance des agriculteurs; 2° prévenir les disettes et s'exonérer des dépenses qu'elles nécessitent toujours; 3° éviter de cruelles douleurs aux classes laborieuses et assurer efficacement la sécurité publique : ce que n'a pu faire aucun gouvernement depuis bien longtemps.

Nous avons cru devoir fixer seulement à un million de francs la subvention à demander à l'Etat, afin de mettre annuellement à la disposition de l'agriculture une somme de cent millions à 4 0[0 d'intérêt par an.

Mais, si au lieu d'un million annuel, l'Etat en consacrait deux à l'institution des Comptoirs, le taux de l'intérêt pourrait être abaissé à 3 0[0 pour l'agriculture. Ce serait le crédit à bon marché, mis tout à coup à la disposition des campagnes ; ce serait peut-être la mesure la plus radicale qu'on pût prendre pour l'abolition de l'usure. Ce serait en même temps le moyen le plus infaillible de créer des réserves efficaces, en faisant appel à la spéculation, à l'intérêt individuel. Ce serait enfin le signal d'une prospérité sans exemple dans les annales des nations.

On a souvent insisté et avec raison, sur l'impossibilité de prévenir les disettes et les encombremens de grains, tant qu'une statistique de la production et de la consommation de la France, aussi exacte que possible dans ses généralités, ne serait pas dressée annuellement. Cette statistique, la création des Comptoirs de prêts permettra seule de l'obtenir. Tout deviendra possible et facile dans cette direction, lorsque l'autorité supérieure, investie du droit de choisir les maires des communes et aidée par les comices agricoles et les conseils d'agriculture réorganisés, pourra vaincre l'inertie et les résistances opiniâtres et inintelligentes qui, dans tous les temps, ont paralysé sur ce point le bon vouloir de l'administration.

La question des subsistances n'intéresse pas seulement notre pays ; c'est une question humanitaire. Tous les peuples ont intérêt à la résoudre dans le même sens, et nous serions heureux de les voir, par suite de l'initiative intelligente de la France, prendre contre les disettes des précautions salutaires, analogues ou semblables à celles que nous avons indiquées.

Nous avons foi dans l'efficacité des Comptoirs de prêts agricoles sur consignation de blé, pour le développement de notre agriculture, pour la régularisation des cours, ou plutôt pour la création d'un cours stable et normal des subsistances. C'est une des raisons pour lesquelles nous n'avons pas fait entrer les graines grasses et les autres produits agricoles dans la nomenclature des denrées qui pourraient être consignées contre des prêts d'argent.

C'est le blé qui forme la base de la richesse du cultivateur, comme il est la base de l'alimentation de l'homme. C'est pourquoi nous avons dû ne nous occuper que du blé, le plus grand bienfait de la bonté divine dans tous les temps et dans tous les lieux.

INSECTES

NUISIBLES

A L'AGRICULTURE.

I.

Deux à sept cents millions de bénéfices annuels. — Immense service rendu au pays. — Il faut se débarrasser des insectes qui dévorent les subsistances. — Mieux vaut détruire le *Charançon* et l'*Alucite* que de conquérir la cochenille. — Ce que l'Angleterre a fait contre les loups. — Ce que nous faisons. — Ce que mangent les loups. — Ce que dévorent les insectes. — Le *Charançon*. — L'*Alucite*. — La *Teigne des blés*. — Leur description et leurs mœurs. — Curieuses observations. — Description et mœurs de l'*Aiguillonnier*, du *Céphus*, du *Chlorops*, du *Maréchal*, de l'*Altise*, etc. — Multiplications prodigieuses. — L'*Apion*, l'*Altise*, l'*Hylurgus*, le *Négril*. — Destruction des légumes. — Destruction des bois. — Le *Dacus oloea*, l'*Eumolpe*, la *Pyrale*, le *Puceron lanigère*. — Etranges facultés de ce dernier insecte. — Il faut au moins diminuer cette terrible puissance destructive.

Nous voudrions, s'il se peut, rendre annuellement à l'agriculture française une somme de deux à trois cents millions, sans lui imposer une heure de travail de plus, sans l'induire en dépense;

et si, directement ou indirectement, nous parvenions à réaliser la totalité ou seulement une partie de ce résultat, nous croirions avoir rendu à notre pays un éminent service.

Comment s'y prendre pour restituer à l'agriculture trois cents millions tous les ans? Tout simplement en trouvant des moyens, et ils doivent exister, de la débarrasser des myriades d'insectes de tout genre, qui, chaque année, dévorent les subsistances de la population pour l'équivalent de pareille somme.

Mais comment trouver ces moyens?

En les cherchant.

On a bien découvert la vapeur, le télégraphe électrique, la photographie, l'aérostat, les fulminates, le gaz d'éclairage, la filature du coton et du lin, etc.: pourquoi ne trouverait-on pas des moyens de détruire les *Charançons*, les *Alucites*, les *Pyrales*, les *Champignons* et les *Sporules*, qui diminuent nos vivres et menacent de nous affamer?

On cherche bien à naturaliser en Europe la cochenille: un insecte! Il est fort bon de conquérir, s'il se peut, un animal utile. Mais pourquoi ne pas se débarrasser d'une myriade d'animaux nuisibles? Est-ce que l'un n'est pas mille fois plus urgent encore que l'autre?

L'Angleterre avait des loups; le gouvernement anglais mit leur tête à prix et s'en débarrassa. Pourquoi notre gouvernement ne mettrait-il pas aussi à prix la destruction des insectes qui nous ruinent et nous affament? L'Angleterre regretterait-elle par hasard l'argent dépensé par elle pour la destruction de ses loups ?

Notre gouvernement consacre chaque année, et il a raison de le faire, une certaine somme pour la destruction des loups et des bêtes puantes. Mais les loups ne mangent certainement pas pour dix mille francs de moutons dans une année, tandis que les insectes de tout genre dévorent pour deux à trois cents millions de blés, de fruits, de plantes et de bois, du 1er janvier au 31 décembre.

Voilà les animaux qu'il faut attaquer et détruire ; on les détruira quand on le voudra sérieusement : nous le démontrerons plus tard. En attendant, nous croyons devoir donner quelques renseignemens sommaires très curieux sur les animaux destructeurs de nos richesses agricoles et forestières. Ceux de nos lecteurs qui voudront parcourir cette nomenclature, verront tout de suite combien sont redoutables les ennemis auxquels nous avons affaire.

LE CHARANÇON. — LA TEIGNE DES BLÉS. — L'ALUCITE.

Ces trois insectes sont ceux dont les ravages sont le plus désastreux et surtout le plus facilement appréciables, parce qu'ils attaquent les grains mûrs ou récoltés.

Le *Charançon* est un petit coléoptère (1) (animal

(1) Les naturalistes ont classé les insectes ailés en coléoptères, orthoptères, hyménoptères, diptères, hémiptères, lépidoptères, etc. Les coléoptères sont ceux dont les ailes sont recouvertes d'élytres, ou de boucliers crustacés, comme celles des hannetons. Ils sont en général très solidement charpentés ; les orthoptères ont les élytres moins solides et

dont les ailes sont recouvertes d'une espèce de cuirasse), bien connu sinon dans son histoire naturelle, au moins dans ses habitudes d'alimentation. Il dévore quelquefois tout le grain contenu dans un grenier, et n'en laisse subsister que le son. Chaque larve consomme la farine d'un seul grain et se métamorphose dans cette demeure. L'animal, après sa transformation, continue de dévorer les grains; il diffère en cela de l'*Alucite* et des papillons qui ne s'alimentent qu'à l'état de larve. L'éclosion des œufs de *Charançons* ne peut avoir lieu qu'à la température de 8 degrés Réaumur, et l'on a cherché à mettre à profit cette propriété de l'animal, pour l'empêcher de naître, en le renfermant dans un milieu dont la température était inférieure; mais la chose n'est pas toujours facile et même possible.

Une autre disposition du *Charançon* le porte à fuir l'agitation, le mouvement et le bruit; on s'en est servi également contre lui. En remuant par des pelletages fréquens les blés dans lesquels on sait qu'il existe des *Charançons*, on parvient à les faire fuir; on les balaie ensuite sur les planchers ou le long des murailles. On arrive ainsi, non pas à les détruire, mais à en diminuer un peu le nombre et par conséquent les ravages qui demeurent encore une cause de très grands dommages pour les agriculteurs. Le *Charançon* est d'ailleurs un des insectes qui mangent sous la double forme de larve et de scarabée. C'est un privilége qu'il partage avec le hanneton.

L'emploi des *Greniers-Vallery* (grand cylindre mobile et tournant), dont nous avons déjà parlé, est très efficace contre le *Charançon;* toutefois ce moyen n'est pas absolument héroïque et ce sont des moyens radicaux qu'il faut chercher et trouver. On suppose, et cela est fort probable, que le *Charançon* est lui-même en butte aux attaques d'une petite larve de mouche qui en détruit des quantités considérables. Malheureusement la destruction du *Charançon* n'a lieu que lorsque lui-même a détruit le blé. Cet animal est doué d'une

moins bien ajustées que celles des coléoptères; les hémyptères ont les élytres moitié crustacées, moitié membraneuses; les hyménoptères ont deux paires d ailes membraneuses, nues et veinées; les abeilles sont de cet ordre; les lépidoptères sont les insectes dont les ailes sont chargées d'une poussière brillante formée de petites écailles; les papillons appartiennent aux lépidoptères; les dyptères ont deux ailes membraneuses: les mouches, les cousins sont de cet ordre. Les formes des mandibules et des suçoirs varient aussi suivant les divers ordres d'insectes et ont servi à les faire classer en ordres et en familles.

vitalité très énergique. On l'a vu se conserver et même pulluller, emprisonné sous un enduit de mastic et de plâtre, pendant plusieurs années, et reparaître au moment où le cultivateur, après avoir fait recrépir son grenier ou sa grange, s'en croyait à jamais débarrassé.

La *Teigne des blés* est un petit papillon nocturne d'un blanc jaunâtre, avec les ailes supérieures tachetées de noir. Dans la première phase de son existence, c'est comme l'*Alucite*, dont nous parlerons tout à l'heure, une petite chenille assez semblable au ver de la laine, dont le corps est ras et blanchâtre. La *Teigne* ne se loge point dans l'intérieur des grains, mais elle est assez industrieuse pour lier plusieurs grains ensemble avec la soie qu'elle file et dont elle se forme un tube au milieu duquel elle se tient et d'où elle a toujours la possibilité de sortir pour manger, les uns après les autres, les grains qu'elle a destinés à son approvisionnement. Ordinairement la *Teigne* attaque ces grains tous ensemble. Lorsque dans un grenier existent beaucoup de ces insectes, on voit sur toute la superficie du blé des tas de grains liés les uns aux autres par des fils de soie, ce qui forme une sorte de couverture qui atteint quelquefois jusqu'à trois pouces d'épaisseur. Comme toutes les chenilles, la *Teigne* se transforme en chrysalide; sa transformation a lieu dans un grain qu'elle a creusé ou dans le tube soyeux filé par elle. Puis de chrysalide elle devient papillon pour donner, par une ponte abondante, naissance à un grand nombre d'individus de son espèce.

L'*Alucite* est un animal du genre des phalènes, assez semblable par la forme à la *Teigne* des blés, mais moins volumineux. Il vit successivement sous les quatre formes d'œuf, de chenille, de chrysalide et de papillon. C'est dans ce dernier état que l'animal est réputé parfait. Les papillons femelles, dans les champs, déposent leurs œufs sur les épis, entre les grains et les filets qui les supportent, tout près de l'endroit où le grain est attaché à la paille. Duhamel et Tillet, qui ont observé avec soin cet animal en 1760, époque où il désolait l'Angoumois, en ont donné une curieuse description, à laquelle sont empruntés les détails qui vont suivre.

Tillet avait observé l'opération de la ponte avec assez de soin pour voir la femelle de l'*Alucite* déposer çà et là des paquets d'œufs, au nombre de 60, 80 et 90. Ces œufs sortent comme un jet, ordinairement 3, 4 ou 6 à la fois.

Les œufs sont du plus petit volume. Ils pourraient, au dire des deux auteurs précités, passer par le trou fait dans une feuille de papier avec la pointe de l'aiguille la plus fine; ils éclosent ordinairement après 4 à 7 jours. La chenille, lors de son éclosion, est naturellement d'un volume proportionné à celui de l'œuf d'où elle sort, elle est à peu près de la grosseur d'un cheveu. Sa petitesse ne l'empêche pas de percer le grain; elle déchire le son qu'elle rejette de tous côtés en particules extrêmement ténues et parvient à s'insinuer dans la substance farineuse qui doit lui servir d'aliment. On ne peut reconnaître l'ouverture par où la chenille est entrée qu'au petit tas de son qui recouvre le trou fait par elle à l'enveloppe du grain.

Beaucoup de jeunes chenilles périssent faute de force suffisante pour déchirer l'enveloppe du grain et pénétrer dans l'intérieur.

Il semblerait aussi, d'après les observations de Réaumur, que les jeunes *Alucites* se dévorent entre elles, ou tout au moins se livrent des combats mortels. Les femelles déposent un grand nombre d'œufs sur chaque grain et cependant on ne trouve jamais dans chaque grain qu'une chenille. Duhamel et Tillet affirment avoir vu souvent trois ou quatre chenilles mortes sur un grain dont une seule avait pris possession.

Lorsque nos deux auteurs ouvraient un grain renfermant une *Alucite* et que l'animal n'avait pas pris tout son développement, ils y trouvaient encore beaucoup de farine. Mais lorsque l'*Alucite* était devenue adulte, il ne restait que le son, si dénué de farine qu'en le brisant dans l'eau elle n'en était point blanchie. Les porcs refusaient ce son lorsqu'on le leur présentait sans autre mélange. Il paraît encore que la chenille, pendant la seconde période de son développement et lorsqu'elle a absorbé toute la farine d'un grain de blé, s'alimente avec les déjections de la première période de sa vie.

Quand l'*Alucite* a pris toute sa croissance, elle n'a guère que deux lignes de longueur, et sa grosseur est égale tout au plus à celle de la moitié du grain qui la renferme. Son corps est ras et entièrement blanc; elle a seize pattes à peine perceptibles même à l'aide du microscope.

L'*Alucite* fait preuve d'une rare prévoyance instinctive; à l'état de chenille et renfermée dans son grain, prête à se transformer en papillon, elle agit comme si elle savait que dans ce nouvel état elle sera privée des organes ou des instrumens nécessaires pour percer le son qui forme l'enceinte de sa prison. Avant de se métamorphoser et de passer à l'état de chrysalide, elle forme sur l'enveloppe du grain, sur le son, une petite trappe, que l'observateur peut reconnaître à son aspect plus blanc que l'ensemble du grain, ou plutôt de la cosse du grain; cette tache est de la largeur d'une tête de fine épingle. Duhamel et Tillet ont souvent aperçu la chrysalide dans sa retraite en soulevant la trappe avec une petite pointe, et ont pu refermer la trappe assez exactement pour qu'il fût impossible d'apercevoir le trou.

Dans le grain où elle est emprisonnée, la chenille, avant de se transformer, tisse une chambre destinée à l'isoler de ses déjections. Lorsque le papillon est entièrement formé, il sort du grain par le trou si habilement couvert d'une trappe et le son est si léger, si parfaitement expurgé de farine que parfois le papillon, après avoir dégagé ses ailes, prend son vol et emporte avec lui la cosse dans laquelle il s'est nourri, développé et abrité pendant toute la durée de son existence.

Duhamel et Tillet pensent que l'*Alucite* peut avoir plusieurs générations pendant une saison, surtout si la température est chaude et peu humide. Ils fixent à cinquante jours le cercle entier de la vie de cet insecte. Les papillons d'*Alucite* déposent leur ponte aussi bien sur les épis contenus dans les granges que sur ceux qui mûrissent dans les champs. Toutes les saisons leur sont également indifférentes, la chaleur qui se développe dans les grains alucités étant très favorable à l'éclosion des œufs, et au développement de l'animal: de telle sorte qu'il n'est pas du tout rare de voir sortir, des tas de grains, des papillons jusqu'au temps des fraîcheurs de l'automne, et de trouver dans les mêmes grains, des chenilles et des chrysalides pendant l'hiver.

Enfin une dernière particularité assez curieuse, et surtout très peu rassurante, de l'existence des *Alucites*, c'est que l'instinct de ces petits papillons les pousse: 1° dans l'automne, à venir pondre sur les grains contenus dans les granges où leur progéniture pourra s'alimenter et se reproduire facilement: 2° dans le printemps, à quitter les granges pour aller pondre sur les épis, dans le but de trouver dans le grain sur pied un aliment plus succulent et plus tendre pour leurs larves, et un local parfaitement disposé pour propager et multiplier leur espèce. Les papillons du printemps sont nocturnes et s'échappent le soir des granges pour aller aux champs se livrer à la reproduction.

« Une circonstance bien digne d'être remarquée (disent Duhamel et Tillet) est que les papillons de la volée d'été restent pour la plupart dans les greniers, attachés aux grains sur lesquels nous les avons vus s'accoupler et pondre. *Il semble que ces papillons sachent que dans cette saison, il n'y a plus de grain dans les champs, qui puisse nourrir leur postérité.* Au contraire, ceux de la volée du printemps s'efforcent de sortir des greniers et ils en sortent effectivement en très grand nombre par les fenêtres, sans doute pour aller se répandre dans les campagnes et faire leur ponte sur les épis encore verts. »

On ne saurait trop admirer l'art merveilleux avec lequel sont organisés ces animaux et l'intelligence supérieure qu'ils déploient dans la conservation et la propagation de leur espèce. Malheureusement cette intelligence a des résultats désastreux pour l'agriculture, puisque l'*Alucite* est de tous les insectes destructeurs celui qui menace le plus dangereusement la subsistance des populations.

AIGUILLONNIER. — CÉPHUS. — CHLOROPS. — MARÉCHAL. — ALTISE, etc.

Parmi les espèces qui attaquent le blé en herbe, on distingue particulièrement la *Calamobie* ou *Aiguillonnier*, le *Céphus*, le *Chlorops*, le *Ver* ou le *Maréchal*, l'*Altise*, et d'autres espèces trop nombreuses pour être décrites ici.

L'*aiguillonnier*, est un petit coléoptère longicorne, d'un centimètre de longueur, qui paraît à l'époque de la floraison des blés. La femelle perce un petit trou dans la tige près de l'épi, et y introduit un œuf qui ne tarde pas à donner naissance à un ver; ce dernier ronge l'intérieur du tuyau du haut en bas et n'en laisse subsister que l'épiderme. A l'époque où les blés commencent à jaunir, les épis affaiblis sont renversés au moindre vent, et la paille seulement reste debout. L'*Aiguillonnier* descend jusqu'à la racine du chaume qu'il dévore intérieurement. L'animal a soin d'assurer sa marche par de petites saillies qu'il soulève en taillant la paille avec ses mandibules, de manière à former en quelque sorte des redoutes qui le protègent. Il passe l'hiver dans la partie inférieure, d'où il sort quelques jours avant sa transformation en insecte parfait, ou par l'extrémité coupée du chaume, ou, lorsque le blé a été laissé entier, par un petit trou qu'il perce sur le côté de la paille. L'animal alors va s'accoupler dans les champs et pondre sur les nouveaux blés en fleur. Un sixième, un cinquième et quelquefois même un quart des épis sont détruits dans les champs par les ravages de l'*Aiguillonnier*.

Le *Céphus* est un hyménoptère (insecte à quatre ailes) qui ronge aussi l'intérieur du chaume, non près de l'épi, mais près de la racine, après s'être réfugié dans le collet de la plante pour y passer l'hiver. La tige, ainsi altérée, tombe au moindre souffle du vent, et demeurât-elle debout, le résultat n'en serait pas changé puisque l'épi ne se remplit pas de grain.

La mouche du *Céphus* est noire avec des anneaux jaunes sous le ventre ; ses ailes sont irisées, sa larve est blanchâtre ; elle se construit sur le collet du blé une petite coque où elle passe l'hiver.

Le *Chlorops* est une petite mouche dont la larve fait périr une partie seulement des grains, en rongeant tout un côté de la tige, depuis l'épi jusqu'au premier nœud, en s'y creusant un sillon entre cette tige et la dernière feuille engaînante. Les dégâts occasionnés par cet insecte sont considérables, car sa présence dans le chaume empêche surtout l'épi de se développer, et même de se dégager de son tube. M. Guérin-Menneville recommande pour la destruction du *Chlorops* l'incinération des chaumes à la fin de l'automne. Ce moyen nous paraît devoir produire en effet les plus salutaires résultats; le feu détruisant ensemble les œufs et les larves.

Il existe un très grand nombre de variétés de *Chlorops*. On croit que c'est une de ces variétés qui attaque les blés verts nouvellement plantés, en rongeant les feuilles du centre de la plante. La plus commune est jaune avec un triangle noir sur la tête et cinq bandes noires inégales sur le corselet. Dans certaines années, ces insectes se multiplient d'une manière prodigieuse. M. Guérin Menneville, dans son *Essai sur les Insectes*, rapporte le fait suivant : « M. Waga, de Varsovie, » en 1847, a vu pendant dix jours le plafond d'une » serre d'environ douze mètres de longueur sur » dix de largeur, entièrement couvert par des » myriades de *Chlorops*, que l'on tuait tous les » jours et qui étaient immédiatement remplacés » par d'autres. Ayant voulu compter combien il » tient de ces petites mouches dans un pouce » carré, il a trouvé qu'il en fallait 156. Comme le « plafond en question a 115,200 pouces carrés, il » en résulte qu'il contenait environ de dix-sept à » dix-huit millions d'insectes et qu'il fallait » qu'il en arrivât presque autant chaque fois que » le jardinier détruisait ceux qui étaient venus

» après le précédent massacre. Ainsi, en dix jours » cent quatre-vingt millions de *Chlorops* étaient » apparus sur un point très étroit. Dans combien » de jeunes plants de graminées avaient-ils dé» posé leurs œufs avant de venir périr ainsi ! »

Le *Maréchal*, que les cultivateurs appellent aussi le *ver*, est un coléoptère (insecte dont les aîles au repos sont recouvertes d'une espèce de cuirasse) dont la larve se tient entre le collet et la racine des jeunes plants de blé, qui ronge toutes ses parties, ainsi que la racine, et fait périr la plante. Lorsque cette larve a détruit un pied de froment, elle l'abandonne et en attaque un autre, ou bien elle s'enfonce en terre et se transforme en chrysalide pour devenir bientôt insecte parfait. Une particularité assez curieuse de sa conformation, c'est que, lorsqu'on le renverse sur le dos, il exécute un saut assez élevé au moyen de la détente d'une espèce de ressort placé sur sa poitrine, et se replace sur ses pieds.

D'autres insectes, en fort grand nombre, attaquent encore la plante du blé ; nous sommes obligés de les passer sous silence, afin de ne point étendre démesurément cette note. Nous mentionnerons seulement la *Cecydomia destructor*, qui a causé plusieurs fois la famine dans diverses contrées des Etats-Unis, et la *Cecydomia tritici*, qui souvent a fait manquer la récolte dans divers pays de l'Europe.

L'APION. — L'ALTISE. — L'HYLURGUS. — LE NÉGRIL.

Les légumes sont altérés par plus de variétés d'animaux qu'il n'existe de variétés de plantes.

Les colzas, les betteraves, les navets, les racines et les plantes fourragères, le trèfle, les chanvres, les tabacs sont attaqués par une foule d'insectes. C'est l'*Apion*, espèce de petit *Charançon* qui détruit la graine du trèfle. Les racines et la tige du trèfle rouge sont détruites par l'*Hylurgus*; le *Négril* et d'autres larves mangent parfois toutes les feuilles des luzernes et n'en laissent subsister que les tiges. C'est l'*Altise* qui dévore et détruit les betteraves.

LES SCOLYTES. — LES HANNETONS, etc.

Les bois ne sont pas plus que les céréales et les légumes exempts des ravages des insectes : ils sont attaqués et détruits par les *Scolytes*, l'*Hylésine*, les *Bostryches typographes*, les *Cossus*, les *Hannetons*, etc. Ces animaux causent une telle mortalité dans les forêts, qu'on est parfois obligé d'abattre les arbres par centaines de mille avant qu'ils aient atteint leur croissance, et au moment où ils pourraient commencer à se développer activement. Les *Scolytes* sont le fléau des promenades publiques et des routes plantées d'ormes.

On a proposé, pour détruire les *Hannetons*, de les faire recueillir par les enfans. Ce procédé, qui n'a rien de radical, est cependant le meilleur de ceux qu'on a indiqués jusqu'ici; il peut devenir d'autant plus efficace, que l'*industrie peut extraire de ces insectes une huile propre à la combustion, ou à la distillation du gaz d'éclairage*. Certains oiseaux mangent le *Hanneton* avec délices. A ce point de vue, la conservation des petits oiseaux dans les champs est une question de la plus haute importance et pour ainsi dire d'ordre public.

LE DACUS OLOEA. — L'EUMOLPE. — LA PYRALE. — LE PUCERON LANIGÈRE.

L'olivier est en butte aux ravages du *Dacus* qui détruit chaque année en moyenne un quart de la récolte d'olives estimée à vingt-quatre millions de francs. La vigne est également dévastée par une foule d'insectes en tête desquels se placent surtout l'*Eumolpe*, la *Pyrale*. Le *Puceron lanigère*, connu seulement depuis vingt-cinq à trente ans, attaque et détruit les fruits du pommier.

Le *Puceron lanigère*, au dire des entomologistes, serait doué d'une singulière faculté de reproduction. Des observateurs attentifs ont découvert que cet insecte, dont les générations se renouvellent à six ou sept reprises pendant le cours d'une seule saison, se reproduit sans accouplement. « Ces in- » sectes, » dit M. V. Rendu (*Zoologie descriptive*, page 197, tome II.) « vivent presque tous en so- » ciété sur les végétaux, dont ils sucent la sève; » les piqûres qu'ils font aux feuilles ou aux jeu- » nes tiges des plantes y déterminent souvent des » monstruosités remarquables. Un grand nombre » restent privés d'ailes; à l'état de larves, ils » changent plusieurs fois de peau.

« *Au printemps, chaque société n'est composée* » *que de femelles aptères* (sans ailes); *celles-ci met-* » *tent au jour, sans accouplement préalable, des* » *petits vivans, du sexe féminin*, sortant à re- » culons du ventre de leur mère. *Plusieurs géné-* » *rations de femelles naissent ainsi pendant le* » *cours de la belle saison*. Les mâles ne voient le

» jour qu'en dernier lieu : à l'automne, ils fécon-
» dent la dernière génération des femelles, et cel-
» les-ci pondent, sur les branches des arbres, des
» œufs d'où naîtront, au printemps, des pucerons
» femelles qui se multiplieront sans le secours
» des mâles.

On comprend quelle prodigieuse fécondité doit être celle d'un pareil insecte dont les œufs se comptent par milliers. On a calculé qu'une seule femelle suffirait pour produire dans un an plus d'un milliard d'insectes de son espèce. Heureusement, ils ont aussi leurs parasites destructeurs sans lesquels, suivant l'expression pittoresque d'un naturaliste, le monde serait bientôt trop étroit pour le ***Puceron lanigère.***

II.

Moyens à prendre contre les parasites et les insectes nuisibles à l'agriculture. — Nécessité de chercher ces moyens. — Etrange négligence. — Désastres permanens. — Ennemis imperceptibles. — Ils dévorent le dixième des produits agricoles. — L'impôt foncier et la part que s'adjugent les insectes. — Nous perdons cinq semaines de nourriture par an! — Immenses résultats. — Quand le pain est à bon marché, tout va bien.. — Le problème est posé.

Nous croyons avoir prouvé qu'on peut, par la création des Comptoirs de prêts sur consignation de céréales : 1° mettre le crédit à la portée des agriculteurs ; 2° prévenir les disettes ; 3° éviter l'avilissement périodique des blés et la perte bisannuelle, ou tout au plus triennale, de 150 millions, qui en résulte.

Nous allons essayer l'indication des moyens à prendre pour éviter une autre perte plus considérable encore, celle de deux à trois cent millions de valeur et peut-être davantage, enlevés à l'agriculture par les parasites et les insectes nuisibles.

Le sujet, on le voit, est digne d'une attention sérieuse ; il mérite d'être traité d'une manière spéciale.

S'il existait une contrée où une maladie endémique moissonnât chaque année le dixième ou le sixième, et quelquefois même le quart de la population, on n'aurait pas de reproches assez amers pour l'incurie des hommes qui subiraient le fléau, sans souci d'y remédier.

Si l'on parlait d'un gouvernement qui laissât chaque année dissiper, en dehors des services publics, le dixième, le sixième ou le quart des impôts, on ne trouverait pas d'expressions assez fortes pour le blâmer.

Eh bien! la France, depuis des siècles, se voit enlever tous les ans, par le seul effet des ravages des insectes nuisibles aux produits de la grande culture, une valeur moyenne de 250 millions de francs. Et nous n'apprécions ici ni les dommages causés par les cryptogames et les maladies végétales, ni les altérations par les insectes de la fortune forestière. Les hommes les plus éclairés ont même évalué la perte à un chiffre bien supérieur, qui n'a pas trouvé de contradiction (1). Pour éviter tout reproche d'exa-

(1) MM. Richard et Guérin-Menneville ont posé sans contestation les chiffres suivans devant l'Assemblée nationale et le Congrès central d'agriculture :

Déchets annuels sur les récoltes :

Céréales, jamais moins d'un dixième, soit 200 millions; parfois le quart, soit 500 millions.

Olives, jamais moins du quart, soit 6 millions, et peut-être même sur *six* récoltes à peine s'en trouve-t-il *une* de bonne.

Vignes, pour les deux départemens du Rhône et de Saône-et Loire seulement, 7 millions, etc.

On voit qu'avec un pareil point de départ on arriverait, en fin de compte, à un résultat bien supérieur au chiffre de 2 à 300 millions que nous nous bornons à donner pour l'ensemble des pertes de récoltes de toutes natures.

gération, nous croyons devoir nous tenir aux supputations les plus faibles.

Les faits sont avérés.

Et l'on ne s'est jamais sérieusement occupé d'engager une lutte contre le mal.

Les désastres sont successifs et permanens : c'est sans doute pour cela qu'ils ne sont pas remarqués.

Il y a d'abord les pertes sur les semences, puis le défaut de production des épis et leur consommation sur pied au milieu des champs ; plus tard, la détérioration des épis dans les granges avant le battage ; enfin, la consommation des grains battus. La succession de ces diverses calamités rend chacune d'elles moins saillante.

Les insectes auteurs du mal sont en quelque sorte imperceptibles et ne semblent mériter que peu d'attention.

Tous ces motifs expliquent jusqu'à un certain point comment un fléau aussi cruel a pu passer inaperçu. Mais quand on en considère toutes les conséquences, quand on les réduit en chiffres, on est épouvanté du résultat.

C'est quelque chose, en effet, que le dixième des produits annuels de l'agriculture en France. Combien de temps et d'intelligence les hommes les plus éminens et les plus rompus aux affaires n'ont-ils pas consacré à éplucher les budgets, pour économiser quelques millions et diminuer d'un vingtième, d'un centième le principal de l'impôt foncier ! Or l'impôt foncier dans son ensemble dépasse à peine 261 millions. Il n'égale pas, en ce qui concerne les fonds ruraux, la portion que s'adjugent les insectes sur les revenus du sol. *Soustraire cette portion aux parasites qui l'absorbent, ce serait donc faire plus et mieux pour les campagnes que de supprimer sans aucune réserve le total de l'impôt foncier.*

Telle est purement et simplement l'importance de la question qui nous occupe.

Il faut songer sans retard à la résoudre; il faut enfin mettre un terme à l'effroyable invasion d'animalcules qui ravissent par an à 35 millions d'hommes *cinq semaines de nourriture.* Quand on pense aux catastrophes qu'une pénurie de grains peut faire naître en France, on ne saurait voir avec indifférence l'approvisionnement de trente-cinq jours disparaître chaque année au profit de chenilles et de scarabées.

Les éventualités menaçantes, les disettes seront désormais exceptionnelles, sans doute. Mais, au milieu des temps les plus prospères, la restitution aux agriculteurs d'un dixième perdu du fruit de leurs travaux n'aurait-elle pas toujours d'immenses résultats ?

Par cette restitution la consommation de la France serait toujours assurée puisque, même dans les années les plus mauvaises, elle trouverait encore un excédant de récoltes. Dans l'hypothèse la plus inadmissible, celle d'une disette sans mesure, l'excédant de la récolte précédente suffirait à parer à tel déficit que l'imagination puisse supposer. L'exportation habituelle prendrait un plus vif essor et recevrait un nouvel aliment. D'autres productions pourraient être substituées à celle du blé dont on craindrait pour la première fois l'encombrement. Enfin, le bien-être, dans ce pays où 12 millions d'habitans ne mangent encore que d'un pain insuffisant et détestable, recevrait un accroissement inusité.

En effet, la quantité des denrées alimentaires s'accroissant d'un dixième sans augmentation de frais et d'efforts, leur prix baisserait. Après avoir obtenu comme producteurs, par cet abaissement de prix, un écoulement plus rapide et plus sûr de leurs denrées, les cultivateurs en profiteraient en outre, à titre de premiers et plus nombreux consommateurs de ces mêmes denrées. Ils vivraient à meilleur compte. Leur sort ainsi s'améliorerait directement. Il s'améliorerait encore par la réaction que le prix du pain exerce invariablement sur le taux des salaires industriels. Plus la nourriture est abondante et saine, plus la vie est facile, plus les produits manufacturés s'obtiennent à des conditions favorables.

Tout le monde le sait : lorsque le pain est à bon marché, tout va bien : les métiers, la fabrique, le commerce. C'est un axiôme populaire, confirmé par l'expérience; et en effet, il est facile de le comprendre : si l'homme, sur 100 fr. qu'il peut dépenser, en consacre, au prix courant des céréales, 25 pour sa nourriture, il lui en reste 75 dont il dispose pour ses vêtemens, ses meubles, etc. Mais que le prix du blé s'élève, qu'il double, qu'il triple comme on l'a vu quelquefois, il ne reste plus que 50, que 25 fr. à affecter aux vêtemens, aux meubles, etc. La fabrication de ces derniers objets diminue en conséquence ; le tiers, les deux tiers des ouvriers industriels se trouvent sans ouvrage ou les salaires de tous se réduisent d'un tiers ou même des deux tiers; et cela, *au moment même où ils auraient besoin de gagner davantage puisqu'il leur faut payer d'autant plus cher leur nourriture, la satisfaction de leur besoin le plus essentiel.*

Toutes les branches de la production ressentiraient donc un heureux contrecoup de la réduction normale du prix des subsistances par l'accroissement de leur quantité ; toutes les classes de la population, notamment les moins aisées, y trouveraient un avantage immédiat; et l'on avancerait de plus en plus vers le but essentiel de toute société bien organisée : *La vie à bon marché.*

Donc il faut absolument aviser aux moyens de protéger la production agricole contre les ravages des insectes et des parasites qui en détruisent au moins chaque année pour deux ou trois cents millions. Voilà les termes nets et précis du problème.

III.

Le Congrès central d'agriculture s'est déjà occupé de la question. — Proposition de M. Richard (du Cantal). — Primes insuffisantes proposées jusqu'ici. — Les insectes sont suffisamment connus, il faut les anéantir. — Nécessité de l'union des sciences entomologique et technique. — Il faut agir promptement et économiquement pour le Trésor.—Chargeons tout le monde d'étudier ces questions. Appât de grandes récompenses. — Ce que nous proposons.

La destruction des insectes et des parasites végétaux nuisibles à l'agriculture a déjà fixé l'attention des hommes qui se consacrent exclusivement à l'étude des véritables intérêts du pays. Dans sa dernière session, le Congrès central d'agriculture s'en est occupé; et précédemment, au mois de mars 1849, M. Richard (du Cantal) avait saisi l'Assemblée nationale d'une proposition sur cet objet. Mais, malgré les justes et sérieuses considérations sur lesquelles elle était motivée, la proposition de M. Richard devait demeurer sans résultats. Elle supposait formellement l'efficacité de mesures administratives que ne semblent pas commander à titre ordinaire les données actuelles de la science; en même temps elle ne paraissait tenir aucun compte des connaissances acquises, et s'en référait, pour toute destruction des ennemis entomologiques de l'agriculture, à des études ultérieures. De son côté, le Congrès central d'agriculture, répudiant ce que la proposition de M. Richard pouvait avoir d'arbitraire et de prématuré, se bornait à demander que le gouvernement fît étudier les moyens de détruire les insectes nuisibles; il sollicitait, en outre, quelques primes pour répandre la notion et encourager l'emploi de ces moyens.

Les primes et les études sont, à coup sûr, au nombre des procédés qui permettront d'arriver à la destruction des plantes et insectes parasites. La mission de l'Etat commence là où s'arrêtent impuissans les efforts des individus. Nous nous occupons d'un immense intérêt général; mais il porte sur de tels objets que l'industrie privée n'est nullement en mesure de récompenser convenablement ceux qui lui donneraient satisfaction sous ce rapport. L'Etat doit donc intervenir. Toutefois, les études et les primes accordées par l'Etat, telles que les comprenait, dans la modestie de son vœu, le Congrès central d'agriculture, ne sauraient amener d'utiles résultats.

Il ne s'agit pas, en effet, d'écrire l'histoire naturelle des insectes et des cryptogames nuisibles : cette histoire est à peu près faite. Sans avoir la prétention d'entrer dans un exposé scientifique, nous rappellerons qu'il reste théoriquement peu de chose à apprendre sur l'existence, les mœurs et la reproduction des insectes, dont nous avons donné la nomenclature sommaire dans le chapitre précédent.

La science est, pour ainsi dire, complète à cet égard. Ce qu'il s'agit avant tout d'indiquer, ce sont des *moyens pratiques* d'anéantir ces fléaux redoutables de nos campagnes.

Or, ces moyens, ils ne seront obtenus que par l'union de la science entomologique et de la science technique de l'agriculture. Les plus habiles entomologistes *tout seuls* ne feraient guère que constater le mal sans indiquer les remèdes, ou du moins ils trouveraient des remèdes efficaces peut-être dans un laboratoire, mais inapplicables sur la vaste étendue des campagnes; des combinaisons ingénieuses sans doute, mais beaucoup trop coûteuses ou trop difficiles à réaliser. Leurs études officielles ne leur permettraient pas d'espérer des résultats assez décisifs. Puis, le budget ne suffirait pas à entretenir d'une manière convenable et pendant le temps nécessaire, sur tous les points du territoire, une armée d'observateurs arrachés à leur cabinet pour étudier au milieu des champs (1).

Il y aurait là pour le Trésor une cause de dépenses excessives sans certitude de profit pour le pays.

(1) Ce qu'il faut à l'agriculture, ce sont surtout des moyens généraux peu coûteux ; des moyens qui surgissent pour ainsi dire des actes de la vie rurale. Nous citerons pour exemple le mélange des cultures de certaines plantes avec d'autres plantes propres à préserver des insectes. On a proposé l'introduction de quelques tiges de chanvre dans

Il y a quelque chose de plus grand et à la fois de plus simple, de plus sûr et en même temps de plus facile que de charger de cette étude quelques missionnaires, *c'est d'en charger tout le monde.*

Il faut tourner l'esprit de la population tout entière vers l'étude de la question; il faut lui imprimer une impulsion qui devienne un élan spontané, une aspiration continue à la solution du problème. Il faut décider les praticiens à sortir de leur torpeur et les savans de leurs laboratoires. Il faut provoquer l'union volontaire et libre des uns et des autres *par l'appât de récompenses qui soient une fortune*, et que la vie d'un homme puisse avoir pour but aussi fructueux qu'honorable de la conquérir. Ce ne sont pas seulement des primes que nous proposons d'instituer, ce sont des prix, ce sont de hautes récompenses nationales en faveur de tous ceux qui *auraient trouvé des moyens culturaux de détruire l'un des insectes ou des parasites végétaux nuisibles à l'agriculture.* Ménager de la fortune publique lorsque nous ne trouvions aucune garantie suffisante de bénéfice à la dépenser, nous demandons cependant que l'on ne marchande

les vignes comme un moyen propre à en éloigner la *Pyrale*. Nous ne savons si ce procédé est efficace dans l'action. C'est un fait à vérifier. En principe, il nous paraît que par l'emploi des mélanges de plantes, on doit pouvoir réaliser l'empoisonnement ou l'éloignement, c'est-à-dire, en fin de compte, la destruction des insectes dont on veut se débarrasser.

pas avec les résultats effectifs, avec les services acquis et dûment constatés.

Il n'est pas moins intéressant de nourrir le peuple que de le vêtir, et nous ne saurions trop rappeler ici comme modèle et comme garantie du succès, le précédent relatif à la filature du lin. C'est parce qu'un prix d'un million fut offert aux inventeurs, que la filature du lin à la mécanique a été découverte!

Nous nous rattachons à ce précédent, à la généreuse pensée de l'Empereur, et nous montrerons, dans un autre chapitre, combien il serait profitable et facile de suivre ce glorieux exemple pour préserver notre agriculture de dommages effrayans.

IV.

Réclamations que soulève toute idée nouvelle. — Quels sont ceux qui font bon marché de la fortune publique. — Notre confiance dans le bon sens public. — De l'impôt foncier et des insectes destructeurs. — Une question d'arithmétique élémentaire. — Un dilemme concluant. — Primes d'un million. — A qui nous entendons qu'on les donne. — Promettons, promettons beaucoup! — Résultats moraux et matériels.

On sait les réclamations que soulève à son apparition toute idée nouvelle, tout projet hardi. Le procédé que nous proposons pour arriver à la destruction des insectes nuisibles à l'agriculture est radical ; et nous sommes préparé d'avance aux déclinatoires ordinaires des esprits timorés. Les scrupuleux, les arrangeurs de chiffres nous accuseront peut-être de tailler en plein budget, de puiser à outrance dans les coffres de l'Etat. Ce sont des millions, en effet, que nous allons demander au Trésor. Mais si l'on songe qu'il s'agit uniquement de solder des résultats éprouvés et certains, si l'on veut bien comparer au prix du remède la valeur du mal, on verra de quel côté se trouve la prodigalité. On appréciera qui fait meilleur marché de la fortune publique, de ceux qui rachètent par une somme une fois payée le tribut énorme imposé à l'homme chaque année par des parasites destructeurs, ou de ceux qui aiment mieux continuer le tribut afin d'économiser le prix du rachat.

Nous avons confiance dans le bon sens du public : aussi, nous croyons que notre système prévaudra, lentement peut-être, et non sans obstacles ; mais tôt ou tard il prévaudra.

Si l'on offrait au gouvernement une combinaison qui permît, avec une entière certitude, de supprimer l'impôt foncier, sans ajouter d'ailleurs un seul article au budget des recettes, sans retrancher un chiffre du budget des dépenses, croit-on que le gouvernement, sûr de la combinaison, dût hésiter à la payer, au besoin, d'une somme égale au produit annuel de l'impôt supprimé ?

Eh bien ! ce qui dans le domaine des opérations financières n'est qu'une utopie, peut dans le domaine de la science devenir une réalité. Les dommages causés à la fortune agricole par les plantes et insectes parasites, dépassent chaque année, nous l'avons vu, la valeur de l'impôt foncier. Il est permis d'espérer de l'intelligence humaine les moyens pratiques de détruire insectes et parasites : la France achèterait-elle trop cher ces moyens, en accordant *une seule fois* à leurs auteurs la vingtième partie peut-être de ce qu'elle gagnerait désormais, grâce à eux, *chaque année ?*

Toute la question est là ; c'est une question d'arithmétique élémentaire.

On peut impunément offrir en pâture à l'espérance, en récompense aux travaux les sommes les plus exorbitantes. Ou les travaux n'auront pas abouti, et alors on n'aura aucun prix à décerner, on n'aura contracté aucun engagement onéreux, on n'aura rien perdu ni rien déboursé. Ou les travaux auront abouti, et l'on aura racheté véritablement une rente au prix de la fraction minime d'une année d'arrérages.

Qui hésiterait à tenter une pareille épreuve ?

Et nous ajoutons : si on la tente, qui douterait qu'elle réussît ?

Promettons d'accorder, après vérification incontestable de l'efficacité de la découverte :

Un *million* à qui trouvera le moyen certain de détruire l'*Alucite*, l'*Aiguillonnier* ou le *Charançon*, ou de préserver radicalement les grains de leurs ravages;

Un *million* à qui indiquera le moyen de détruire ou la *Pyrale*, ou l'*Altise*, ou l'*Eumolpe* ou le *Champignon destructeur de la vigne ;*

Un *million* à qui trouvera le moyen de détruire le *Puceron lanigère* ou le *Dacus oloea* ou la *Muscardine* des vers-à-soie ;

Un *million* à qui aura découvert un procédé pour la destruction du *Colaspe barbare*, du *Hanneton* ou de l'*Hylurgus* du trèfle ;

Un million pour la destruction du *Cossus*, du *Scolyte* ou de l'*Hylésine*, ces ennemis de nos forêts ;

Un million, enfin, à qui pourra indiquer un moyen de guérir ou de prévenir la maladie des pommes de terre.

Voilà bien des millions, sans doute, et pourtant, on pourrait en promettre davantage. Il s'en faut de beaucoup que nous ayons complètement énuméré tous les insectes, tous les parasites ennemis de l'agriculture, comme nous sommes loin d'avoir absorbé même l'intérêt du capital annuel de leurs ravages.

Promettons, promettons encore, *promettons même des récompenses d'ordre inférieur, quoique toujours considérables, à ceux qui, sans atteindre entièrement au but, s'en seront approchés en donnant le moyen de triompher de quelques difficultés.*

On verra si ces promesses restent sans influence!

Une foule d'individus aujourd'hui désœuvrés, d'esprits mécontens du cercle étroit dans lequel les enferment les conditions de la vie sociale, et amoureux des bouleversemens, délaisseraient bien vite de vaines chimères pour se précipiter dans la voie qu'on leur aurait indiquée. Ils s'attacheraient à l'étude de problèmes qu'une heure d'inspiration, que des méditations sérieuses peuvent leur permettre de résoudre, et qui leur offriraient en perspective autant de bonheur matériel que d'honneur. En même temps on verrait les savans et les praticiens, écartés jusqu'ici des études dont il s'agit, par l'insuffisance évidente des avantages qu'ils peuvent recueillir personnellement de leurs efforts, s'empresser d'acquérir les connaissances nécessaires qui leur manquent, utiliser celles qu'ils possèdent, les développer et les compléter. Et d'un pareil mouvement intellectuel, il ne sortirait rien !

C'est impossible. Notre système n'eût-il d'autre conséquence que d'établir un dérivatif aux passions mauvaises : ce serait sans doute déjà quelque chose. Ce serait quelque chose de légitimer les plus ardens souhaits de l'intérêt privé en les faisant s'accorder avec l'intérêt général. Ce serait quelque chose de détruire le germe principal des mauvaises doctrines, de rétablir le calme dans les intelligences, de détrôner les idées désorganisatrices qui gâtent et pervertissent même des hommes supérieurs, auxquels bien souvent il ne manque qu'une direction utile pour qu'ils soient aptes à rendre à la société les plus éminens services.

On ramènerait au bon sens et à la réalité une foule d'esprits, en montrant à chacun en perspective l'éventualité d'une noble et grande fortune, comme on laisse voir au conscrit le bâton de maréchal dans sa giberne. Et de même que le rêve du conscrit s'est parfois réalisé sur le champ de bataille, on peut compter que les soldats de la science et de l'intelligence fourniraient aussi leurs maréchaux, pour la grande utilité du pays.

Beaucoup sans doute n'arriveront pas, mais ils auront peut-être mérité des récompenses d'ordre inférieur en accomplissant des progrès relatifs ; ils auront noblement occupé leur intelligence à des travaux utiles, et par cela même ils auront ouvert la voie et facilité le succès à d'autres plus heureux qu'eux.

Il nous reste maintenant à expliquer comment nous concevons l'organisation des prix dont nous demandons l'établissement.

V.

L'intervention, au moins indirecte, du gouvernement est indispensable. — Organisation du système des primes — Commission de cinq membres. — Sa composition et ses attributions. — Intervention de l'Académie des sciences et de la Société centrale d'agriculture. — Examens. — Les Chambres d'agriculture sont déjà un merveilleux instrument d'organisation. — Quelle serait leur mission. — Mécanisme des opérations. — Séries d'épreuves. — Intervention des préfets. — Garanties données à la science. — Grande croisade contre les fléaux les plus redoutables et les moins remarqués. — Vanité des économies budgétaires. — Résumé.

Si le système de prix que nous conseillons pour arriver à la destruction des insectes et parasites nuisibles à l'agriculture, n'exige pas l'intervention directe du gouvernement, il implique du moins son intervention indirecte pour la solution du problème. Nous préférons aux études officielles les efforts de l'intelligence individuelle, stimulée par l'appât de récompenses magnifiques. Mais il est évident que, pour décerner en connaissance de cause les récompenses promises, le gouvernement doit donner aux travaux la plus haute impulsion, en centraliser les résultats et les porter, dans la mesure nécessaire, à la connaissance de tous.

Dans ce but, ce qu'il y aurait de mieux

à faire pour organiser un pareil service, ce serait d'instituer près du ministre de l'agriculture et du commerce une commission spéciale de cinq membres qui pourraient être choisis par le ministre sur les indications de l'Académie des sciences, de la Société nationale et centrale d'agriculture et du Conseil général d'agriculture. La commission serait largement salariée, car il faudrait que ses membres s'occupassent très activement de leurs importantes fonctions, et c'est par ce motif que nous proposons de créer une commission spéciale, au lieu de confier les travaux dont elle serait chargée à des corps d'ailleurs aussi compétens que l'Académie des sciences ou la Société centrale d'agriculture. On ouvrirait au ministre le crédit nécessaire aux dépenses de la commission, et qui serait en rapport avec les désastres causés par les terribles ennemis dont on a résolu d'arrêter les ravages.

La commission aurait pour mission :

De constater, suivant les indications qui lui seraient fournies par les autorités administratives, les chambres d'agriculture, les sociétés savantes et les particuliers, les dommages causés annuellement par chaque espèce d'insectes ou plantes parasites, et d'évaluer ces dommages ;

De proposer au ministre, suivant cette constatation et cette évaluation, le nombre, l'objet et l'importance relative des prix qui seraient offerts par le gouvernement ;

De dresser le programme suivant lequel seraient décernés les prix ;

D'examiner les mémoires et les pièces justificatives fournies pour l'obtention des prix ;

De présenter, dans le premier trimestre de chaque année, un relevé de ses travaux, comprenant l'indication des progrès faits sur chaque question, tant qu'aucune découverte définitive ne lui aurait été soumise ;

De proposer au ministre, s'il y a lieu, d'accorder des récompenses généreuses aux auteurs de ces projets, à raison de l'importance et de la valeur de leurs travaux.

Les propositions de la commission pour la remise définitive des prix seraient communiquées par le ministre à l'Académie des sciences et à la Société centrale d'agriculture réunies, sans préjudice de tout autre examen qu'il pourrait juger nécessaire de leur faire subir.

Ceci posé, le gouvernement a dans une institution déjà fondée le plus admirable instrument dont il ait besoin en pareille matière pour recevoir communication des études accomplies sur les divers points du territoire, et y renvoyer, à titre de réciprocité, la connaissance des résultats acquis. Nous voulons parler des Chambres d'agriculture : elles sont ici les auxiliaires nés de la commission spéciale et du gouvernement, leur intermédiaire accrédité et actif auprès des populations. Leur concours moral et matériel ne ferait pas défaut à l'administration et leur zèle pour les intérêts dont elles sont l'organe officiel, permettrait de leur confier un double mandat.

Les Chambres d'agriculture seraient, d'une part, chargées de répandre par tous les moyens en leur pouvoir, dans les limites de leur circonscription, la connaissance du programme des prix et des études arrêté par le gouvernement. Elles auraient également soin de faire pénétrer dans les fermes et les agglomérations rurales la notion des découvertes constatées à la fin de chaque année par la commission. Bien que tous les documens émanés de la commission dussent être insérés dans les journaux, et même, autant que possible, affichés en placards dans les communes, il est évident qu'il y aurait une grande utilité à compléter cette publicité par l'autorité du commentaire d'hommes placés au milieu même des intéressés, considérés par eux et vivant de leur vie.

D'autre part, les Chambres d'agriculture indiqueraient au gouvernement les insectes et les maladies végétales dont la destruction ou d'abord même la simple étude leur semblerait nécessaire ; elles préciseraient les ravages des insectes et les symptômes des maladies végétales ; elles rendraient compte de l'expérience des procédés que la commission spéciale les aurait invitées à faire essayer, ou même de ceux qui leur auraient été directement soumis par leurs auteurs.

Afin d'éviter à la commission des labeurs inutiles, il conviendrait que tout procédé, avant de lui être soumis, eût passé par le creuset d'une expérimentation locale.

Pour réserver pleinement les droits des auteurs, on pourrait adopter le système consacré par la loi en matière de brevets d'invention. L'auteur de chaque procédé en déposerait, pour la commission, une explication détaillée entre les mains du préfet de son département, qui en donnerait récépissé constatant le jour et l'heure. Ainsi, la découverte prendrait date, et cette date établirait, pour la remise des prix ou des récompenses secondaires, l'antériorité du procédé sur d'autres, en cas de besoin. Mais la commission n'examinerait les Mémoires qu'autant qu'ils seraient accompagnés de certificats attestant le succès plus ou moins complet des procédés. Ces certificats, bien qu'ils pussent à la rigueur émaner de toute autorité compétente, seraient de préférence délivrés par les Chambres d'agriculture. La commission spéciale saurait mieux le degré de valeur qu'elle devrait reconnaître aux Mémoires, avant de demander l'expérimentation simultanée de leur contenu à toutes les Chambres d'agriculture.

Les Mémoires adressés par l'entremise des préfets à la commission, pourraient d'ailleurs, comme les brevets d'invention, être offerts en communication permanente au public, sans déplacement. Cette communication n'aurait aucun inconvénient pour les auteurs, puisque leurs droits resteraient constatés par la date du dépôt, et il pourrait en résulter que tel procédé insignifiant ou incomplet par lui-même mettrait un esprit intelligent ou plus heureux sur la voie d'un procédé parfait.

Ainsi serait entreprise avec une activité incessante, sans embarras et sans frais notables, cette grande croisade de l'homme contre un des fléaux les moins remarqués et les plus redoutables pour son bien-être. Ainsi se préparerait un accroissement de la fortune publique, bien supérieur au résultat des plus miraculeuses économies budgétaires, et s'accomplirait une des améliorations les plus sensibles dans le sort de la population.

Economie annuelle de 2 à 300 millions au moins ;

Suppression des disettes ;

Réduction dans le prix normal des denrées alimentaires ;

Augmentation générale du bien-être et surtout du bien-être des classes les moins aisées :

Telles seraient les conséquences de la destruction des insectes et des cryptogames nuisibles à l'agriculture.

Le système que nous venons d'indiquer pour y parvenir, est simple.

Il est d'exécution facile.

Il n'a rien d'onéreux pour personne.

Il réunit à de sérieux avantages matériels d'incontestables avantages moraux.

Nous pensons qu'il mérite l'honneur d'un essai.

VI.

Le *Charançon* et l'*Alucite* sont de grands révolutionnaires. — Ignorance des populations. — Erreurs générales. — Le agriculteurs, les accapareurs et les fermiers. — Accusations dont ils sont l'objet. — Un exemple. — Les loups et l'*Alucite*. — Ce qu'il faut absolument faire. — Une note pleine d'intérêt.

Nous ne devons pas nous dissimuler l'aridité du sujet que nous traitons et sur lequel nous sommes décidé à revenir jusqu'à ce que nous en ayons fait comprendre au public toute l'importance. Il peut sembler puéril de s'occuper avec tant de persévérance, d'insectes en quelque sorte microscopiques. Qu'est-ce qu'une *Alucite*, dit-on, pour qu'on l'attaque avec un tel acharnement? Un animal imperceptible, dont la vie entière est employée à la destruction d'un seul grain de blé ! Faut-il donc faire tant de bruit pour si peu de chose? — Pardon. C'est peu de chose, en effet, qu'un seul grain de blé ; mais comme l'insecte se compte par myriades, comme ses ravages, en fin de compte, se résolvent par des millions d'hectolitres de blé détruits, par des centaines de millions de francs perdus, et quelquefois par des révolutions sociales, qui conduisent la civilisation à deux doigts de l'abîme, nous trouvons le sujet assez grave pour mériter non seulement l'attention que nous lui accordons, mais encore pour fixer les méditations de tous les hommes sensés.

En matière de subsistances, l'ignorance des masses est profonde, ses préjugés sont déplorables ; et beaucoup de gens, fort éclairés d'ailleurs, font partie des masses sur ce point. Vienne une rareté de grains, et vous entendrez, même dans les salons, même des personnes instruites, attribuer la cherté *aux manœuvres des agioteurs, à l'avidité des accapareurs et des fermiers ;* vous entendrez accuser les producteurs, tantôt d'avoir vendu prématurément leurs blés aux étrangers pour provoquer la rareté et plus tard la hausse dans le pays ; tantôt d'avoir refusé de vendre et d'avoir mieux aimé laisser gâter et perdre leurs blés. Bien rarement, jamais peut-être, vous n'entendrez un homme éclairé expliquer l'état vrai des choses ; exposer que lorsque du blé est attaqué par les *Charançons* et surtout par les *Alucites*, le seul parti raisonnable à prendre par le fermier, s'il ne veut pas tout perdre, c'est de vendre à quelque prix et en quelque temps que ce soit, et que c'est là tout le mystère de ces ventes prématurées qu'on trouve si coupables. Bien rarement vous entendrez un homme éclairé expliquer que si des cultivateurs ont dû jeter du blé gâté, ç'a été non point dans le but atroce d'affamer les populations, mais simplement parce qu'il suffit de quelques mois pour que les *Alucites* détruisent entièrement toute une récolte.

Si en temps de cherté des grains la farine donne un pain amer, désagréable au goût, malsain, vous entendez tout le monde en attribuer la cause aux accapareurs, aux spéculateurs, aux fermiers.

Or, puisque le public ignore toutes ces choses, qui sont pourtant d'une importance majeure pour la conservation de la tranquillité publique et même pour le maintien de l'ordre social, notre devoir est de les lui enseigner, et ce devoir, nous le remplissons (1).

Tous ces préjugés fatals répandus dans nos campagnes, dans nos ateliers, jusque dans les salons, tant qu'ils ne seront point détruits, ne permettront pas aux hommes raisonnables et intelligens de se livrer à aucune spéculation sur les

(1) Nous empruntons à une excellente brochure de M. le docteur Herpin, membre du conseil général de l'Indre, les passages suivans :

« Dans douze ou quinze de nos départemens du centre et du midi, où *la culture des céréales est à peu près la seule qui soit pratiquée*, le froment, le seigle, sont attaqués *sur pied* et avant leur maturité par des myriades d'*Alucites*, dont les larves, logées dans l'intérieur des grains de blé, en dévorent la substance farineuse, qu'ils remplacent par leurs excrémens; ces insectes subissent sous l'enveloppe protectrice du grain, leurs différentes métamorphoses; à l'*époque de la moisson, un quart, un tiers, et quelquefois plus, des épis sont entièrement dévorés*; la plupart des autres grains qui paraissent sains et intacts, renferment dans leur intérieur, le germe de l'insecte destructeur; ces larves sont si nombreuses, *qu'en serrant, avec la main, une poignée de blé ou d'épis, on en exprime un fluide blanchâtre et visqueux qui*

blés; et cependant, comme nous croyons l'avoir démontré, la spéculation, c'est-à-dire l'appât d'un bénéfice raisonnable, est le seul mobile vraiment efficace qu'un bon législateur puisse faire agir pour assurer au pays sa subsistance régulière.

Il n'est pas d'absurdités, si grosses qu'elles soient, que des populations plus ou moins intelligentes, ne débitent, dans les années de cherté, contre les malheureux cultivateurs. Dans le Berry, à l'époque des troubles à jamais déplorables de Buzançais, l'*Alucite* dévorait les grains, et comme, faute de procédés pour détruire ce fléau si redoutable et si peu connu, il n'y avait alors d'autre moyen que celui de moudre le grain attaqué, les cultivateurs du Berry étaient bien obligés de vendre leur blé sous peine de le voir bientôt entièrement détruit. Quelques-uns le gardèrent et perdirent

est la substance même du corps des insectes écrasés. Les grains plus ou moins vides et aplatis par la pression de la main, restent adhérens et agglomérés comme serait du son mouillé; les ravages de l'*Alucite* se continuent dans les greniers et les granges, à tel point que, ***si le battage et la mouture sont retardés de quelques mois***, **LES TROIS QUARTS OU LES SEPT HUITIÈMES DES RÉCOLTES SONT PERDUS.**

« Le pain qui provient des blés attaqués par l'*Alucite*, et surtout lorsque la farine n'a pas été convenablement blutée, contient des débris de cadavres et d'excrémens des insectes; il a un goût désagréable, rebutant et qui prend à la gorge; il manque de liaison et se laisse aller dans l'eau comme le ferait un morceau de terre. On attribue même à l'usage de cette nourriture insalubre un mal de gorge très dangereux qui règne depuis quelques années d'une manière épidémique dans les contrées ravagées par l'*Alucite*. »

leurs récoltes, qu'ils furent obligés de jeter aux animaux immondes qui refusaient même ce grain.

Les autres en plus grand nombre se décidèrent à la vente, et c'est le seul parti sage qu'ils pussent prendre. Mais les populations ignorantes, qui ne savaient pas que toute cette perturbation provenait de la présence de l'*Alucite*, s'imaginèrent bien vite que les malheureux cultivateurs en étaient cause, et naturellement ceux qui vendaient et achetaient le blé furent accusés de trahison et de complicité d'accaparement ; tandis que ceux qui perdaient leur grain détruit par les *Alucites*, subissaient le même sort pour avoir mieux aimé le garder, au risque de le jeter aux bestiaux, que de le vendre et le livrer à la consommation.

Comme on le voit, les cultivateurs étaient loin d'être coupables, et leur seul crime était d'avoir eu leurs moissons et leurs champs ravagés par l'*Alucite*. La masse des mécontens n'était pas plus coupable elle-même, elle était seulement ignorante de la cause d'un mal très difficile à reconnaître.

Nous l'avons déjà dit, l'*Alucite* est un animal extrêmement petit, difficile à découvrir, presque imperceptible ; c'est pourquoi ses ravages passent inaperçus. On s'attache à détruire les loups, parce que le dommage et le dégât qu'ils font saisissent l'imagination ; mais l'*Alucite* est mille fois plus dangereuse, parce que, malgré sa petitesse, elle anéantit en quelques mois, par son effrayante multiplicité, la nourriture de plusieurs milliers d'hommes.

Ce qu'il y a donc à faire, c'est de détruire l'*Alucite*, comme le *Charançon* et les autres insectes ; c'est en même temps d'éclairer les populations sur ces questions si difficiles et cependant si simples, de leur enseigner la vérité sur leurs intérêts par des instructions claires affichées dans tous les villages ; c'est surtout de sauvegarder ces mêmes intérêts en assurant par de sages et paternelles mesures la subsistance et la sécurité des laborieux travailleurs sur lesquels repose l'existence de la société.

VII.

Destruction des insectes nuisibles. — Etat actuel de la question. — Moyens que nous proposons pour réaliser l'alimentation régulière des populations. — Création de réserves de grains à l'aide des consignations. — Conservation des céréales. — *Insectes qui détruisent le blé en grains.* — Le *Charançon.* — L'*Alucite.* — La *Teigne des blés.* — Moyens applicables contre ces insectes. — Les silos. — Ce que nous entendons par ce mot. — Le gaz acide carbonique. — On peut se servir de tonneaux hermétiquement fermés. — Indication de divers correspondans.

Nous poursuivons la réalisation d'une pensée éminemment sociale : *L'alimentation régulière des populations*.

Nous avons indiqué comme moyen :

1° La création de réserves de grains à l'aide des consignations;

2° La conservation matérielle des céréales par la destruction des insectes, afin d'assurer la conservation du gage.

Il nous reste à indiquer les principaux moyens connus jusqu'à ce jour pour arriver à ce résultat.

Nous nous occuperons d'abord des trois espèces les plus destructives qui dévorent le *blé en grains:* le *Charançon*, l'*Alucite*, la *Teigne des blés*.

Parmi les moyens préservatifs des ravages du *Charançon*, nous devons d'abord indiquer aux cultivateurs ceux dont l'emploi peut être essayé, pour ainsi dire, sans frais. Nous avons mentionné déjà l'indication qui nous a été fournie par le savant directeur du Jardin botanique de Rouen, M. Dubreuil; nous la rappelons ici : M. Dubreuil assure qu'en mêlant au grain, bien vanné, un volume égal de *la balle*, ou menue paille qui s'est échappée du van, et en resserrant le tout dans un grenier bien sec, hermétiquement clos, à l'abri de l'air en circulation, on peut préserver la récolte du blé, pendant 20 ou 30 ans, des ravages des insectes. Suivant M. Dubreuil, c'est l'acide carbonique dégagé par *la balle*, qui agit comme préservatif du grain. C'est là un moyen de conservation peu dispendieux, facile, et dont l'essai doit être tenté par tous les cultivateurs soigneux et intelligens.

Parmi les nombreux documens qui nous ont été envoyés depuis la publication de nos premiers articles, se trouve une toute petite brochure de vingt pages (imprimée en 1846). L'auteur, M. Turin, propriétaire et agriculteur dans le département du Cher, indique pour l'expulsion des *Charançons* un moyen qui n'exige aucuns soins, aucuns frais : c'est le dépôt, dans les greniers, au mois de juin, de **BRANCHES DE SUREAU EN FLEURS.** M. Turin affirme que « dans la culture » de Cornusse (c'est la ferme qu'il exploite) avant qu'il en prît possession, » *les Charançons étaient si nombreux, qu'on* » *les ramassait à la pelle pour les jeter aux* » *volailles. Le fermier sortant se plaignait* » *des pertes immenses qu'il en avait éprou-*

» *vées, et déclarait n'avoir jamais pu les* » *détruire.* Dès que les *fleurs de sureau* » furent épanouies, des sommités de » branches furent transportées dans les » granges, dans les greniers; on en mit » sur les poutres, dans le solivage, sur le » sol, sur les murs, partout où les dis- » positions locales le permettaient; dès » lors les *Charançons* ont disparu. »

M. Turin ajoute que cette opération ayant été renouvelée tous les ans, pas un *Charançon* n'a été revu dans ses granges ou ses greniers. Voilà encore une expérience qui n'est ni pénible, ni difficile, ni dispendieuse, et dont l'essai peut être fait par tous les cultivateurs.

Nous trouvons dans le *Journal d'agriculture et d'horticulture de la Côte-d'Or* (cahiers d'octobre et de novembre 1845) deux articles par lesquels on recommande pour la destruction du *Charançon* l'emploi de l'ORVIOT OU TOUTE BONNE, et celui de la SAUGE SCLARÉE. Ces plantes doivent être, surtout au moment de leur floraison, déposées sur le sol et appendues aux murs, aux toitures des granges, partout, enfin, où l'on a reconnu la présence de l'insecte.

Mais un autre moyen qui nous a été signalé, et qui mérite d'être essayé le premier, à cause de son extrême simplicité, c'est l'emploi du FOIN NOUVEAU déposé en bottes ou en tas sur les blés en gerbes ou battus. Nous avons nous-même commencé des expériences de ce genre, et jusqu'ici nous avons des raisons de croire que pour l'expulsion du *Charançon* l'EMPLOI DU FOIN NOUVEAU peut avoir les plus salutaires résultats.

Nous recommandons d'autant plus volontiers des essais semblables, que s'ils ne font pas atteindre complétement le but désiré, au moins ils n'induiront pas les cultivateurs en dépenses inutiles et ruineuses. Il y aurait d'ailleurs à s'assurer si l'emploi DU FOIN, DU SUREAU, DE LA BALLE, DE L'ORVIOT, DE LA SAUGE SCLARÉE, en le supposant efficace contre le *Charançon*, le serait également contre l'*Alucite :* ce qui nous paraît douteux.

Enfin on indique encore pour la destruction du *Charançon* les pelletages fréquens des blés dans les greniers, leur emmagasinage dans les *greniers-Vallery*, et l'insufflation de l'air échauffé jusqu'à 50 ou 60 degrés, au milieu des grains.

Des expériences et des essais nombreux ont été faits depuis 1760 pour la destruction de la *terrible Alucite* des grains. La dessiccation du blé dans des fours ; l'empoisonnement de l'animal par l'acide carbonique, par le soufre, par l'ail, par le tabac ; sa destruction par l'emploi de la vapeur d'eau et de l'air chaud, ont été également essayés. Dès l'année 1837 un fort habile agriculteur de Châteauroux, M. Robin, inventa un appareil simple, peu dispendieux à établir, assez facile à manœuvrer. Cet appareil fut accueilli avec faveur par plusieurs sociétés agricoles ou savantes, et, sur leurs rapports, une indemnité de 6,000 fr. fut accordée par le gouvernement à

M. Robin, qui avait renoncé au privilége de son invention. D'autres savans agriculteurs, MM. Cadet-Devaux, Terrasse des Billons, etc., produisirent encore, dans le même but, des appareils qui furent l'objet de rapports très flatteurs.

Dans les appareils imaginés par MM. Cadet-Devaux et Terrasse des Billons, c'est l'AIR ÉCHAUFFÉ qui détruit l'*Alucite:* dans celui de M. Robin le même résultat est obtenu, au moyen de LA VAPEUR D'EAU BOUILLANTE, d'une manière plus efficace et à moins de frais. C'est ce qui résulte, au reste, des rapports de diverses sociétés d'agriculture. Suivant ces rapports, la dépense pour la désinfection par l'appareil Robin, des blés alucités, ne dépasserait pas 10 cent. par hectolitre. L'appareil lui-même coûterait seulement 350 fr. d'acquisition.

M. Turin, dans la brochure dont nous venons de parler (1), indique pour la destruction de l'*Alucite*, l'AIL, le TABAC et le SOUFRE, employés EN FUMIGATIONS dans un appareil de son invention; il signale encore l'usage de l'ail seul, soit en GOUSSES ÉCRASÉES ET PLACÉES AU MILIEU DES TAS DE BLÉ, soit enfin à l'état de PLANTE, PLACÉE D'ESPACE EN ESPACE AU MILIEU DES CHAMPS ensemencés.

Les fumigations alliacées, soufrées, nicotiques, et le dépôt des gousses d'ail écrasées, en les supposant efficaces, pourraient avoir le sérieux inconvénient

(1) Voir pages 155 et 156.

de donner aux blés une odeur infecte. La plantation de pieds d'ail dans les sillons serait, au contraire, tout-à-fait sans inconvéniens. Nous en recommanderions d'autant plus volontiers l'essai, qu'il nous paraît probable que *c'est dans l'emploi des plantes odorantes qu'on trouvera les moyens les plus efficaces, les plus sûrs et les moins dispendieux de détruire ou d'expulser les insectes nuisibles.*

M. le docteur Herpin propose comme un procédé à essayer pour la destruction de l'*Alucite*, l'agitation violente des blés attaqués, dans un tarare dont la vitesse serait portée à 600 tours par minute. La vivacité de ce mouvement, suivant M. Herpin, détacherait des grains les œufs de l'*Alucite*, et tuerait l'insecte vivant dans le grain même.

Il paraît que dans quelques localités de la France, notamment à Moissac, où se fait un grand commerce de blés, des propriétaires ont essayé d'arrêter la propagation de l'*Alucite* en renfermant dans leurs greniers, dont les fenêtres étaient closes par des treillis, de petits oiseaux, connus sous le nom de BERGERONNETTES. Les BERGERONNETTES dévoraient les papillons d'*Alucite* et ceux de la *Teigne des blés* aussitôt qu'ils paraissaient, et les larves dès qu'elles pouvaient les apercevoir. Vingt BERGERONNETTES auraient, dit-on, suffi pour purger d'insectes les greniers les plus étendus. Nous comprenons que ce procédé soit très efficace contre tous les papillons et contre les larves de la *Teigne des blés;* mais il est évidemment impuissant contre les larves de l'*Alucite*, qui se logent, invisibles, dans l'intérieur des grains.

Le moyen qui nous paraît, quant à présent, le plus efficace pour la destruction des insectes, de l'*Alucite* surtout, et qui est recommandé par les savans et les agriculteurs les plus éclairés, c'est **LE FAUCILLEMENT DES BLÉS QUELQUES JOURS AVANT LEUR MATURITÉ, ET LEUR DÉPÔT SUR LA TERRE JUSQU'A LEUR COMPLÈTE MATURATION.** On croit, et la chose semble très probable, que les papillons n'ont plus alors la possibilité de réaliser complétement leur ponte, et que le gaz acide carbonique qui se dégage des blés mûrissans donne la mort aux germes des insectes, ou rend le développement des larves impossible.

Les procédés indiqués pour la destruction de la *Teigne des blés* sont : une grande propreté des greniers ou des pelletages ou remuages fréquens des blés. L'insecte qui, même à l'état de larve, se tient à l'extérieur des grains, se trouve écrasé et détruit par le frottement.

Parmi les nombreuses indications qui précèdent, il peut, il doit en exister, sinon de tout-à-fait efficaces, au moins de très salutaires. Cependant, depuis qu'elles ont été produites, l'*Alucite*, le *Charançon* et la *Teigne des blés* ont fait dans les grains des agriculteurs d'effroyables ravages. Cela tient-il à l'inefficacité des procédés signalés, ou bien à ce que la connaissance n'en a pas été suffisamment répandue, ou encore à l'indifférence des intéressés, indifférence qui aurait empêché les cultivateurs de se livrer à des essais, à des expériences utiles? Peut-être ces trois causes réunies ont-elles contribué à *conserver* les insectes qu'il importe cependant à l'agriculture de *détruire* sans retard, parce que seuls ils font peser sur elle une charge plus lourde que l'ensemble de l'impôt foncier.

De tous les procédés de conservation des grains, connus jusqu'à présent, le plus sûr, à notre avis, serait leur emmagasinage dans les silos. Nous avons à peine besoin de répéter que par ce mot *silo*, nous n'entendons nullement parler d'une construction souterraine; mais bien de toute espèce de magasin, grand ou petit, en maçonnerie ou en bois, fût-ce même un foudre, un tonneau, dans lequel le blé pourra être soustrait à la triple action de l'air atmosphérique, de la lumière et de l'humidité. Quant à l'absorption de l'humidité, elle est toujours facile à obtenir au moyen de la chaux.

Nous partons d'une base certaine, de points parfaitement connus et incontestés, qui sont ceux-ci :

1° Les ennemis qu'il faut détruire sont des insectes ;

2° Aucun insecte ne peut vivre privé d'air, et surtout ne peut vivre au milieu d'une atmosphère de gaz acide carbonique.

Si donc nous pouvons placer les blés qu'il s'agit de soustraire à la voracité des insectes, quels qu'ils soient, dans un milieu privé d'air et saturé de gaz acide carbonique (1), nous aurons résolu le problème et touché le but qu'il faut atteindre.

Des agriculteurs instruits pensent qu'il suffit de renfermer les blés dans des chambres, silos, caisses ou tonneaux, hermétiquement clos, pour qu'aucun insecte n'y puisse vivre longtemps. S'il en était ainsi, et c'est ce que les expériences, très faciles à faire, auront bien vite démontré, pas ne serait besoin d'introduire du gaz carbonique dans les blés. La question serait encore par là singulièrement simplifiée, puisque les agriculteurs se borneraient alors à enfermer leurs grains dans des tonneaux aussi hermétiquement clos que le sont ceux destinés à contenir les liquides. Ces tonneaux pourraient être placés dans les greniers, dans les granges, et nous aurions plus que jamais raison de dire que de tous les moyens de conservation des grains, l'ensilotage est le plus efficace.

Tel est aussi l'avis de bon nombre de nos correspondans ; c'est notamment celui de M. Petitot, colonel du génie en re-

(1) On sait que l'introduction de l'acide carbonique dans le silo pourrait être très facilement opérée, en y plaçant avant de le fermer un fourneau rempli de charbon de bois en combustion. La pesanteur spécifique du gaz carbonique est telle, qu'il se substitue tout naturellement à l'air. Après quelques minutes écoulées, le silo devrait être clos et sa clôture lutée avec soin. Dans cet état, l'acide carbonique continuerait de se produire jusqu'à ce que le silo en fût complètement rempli.

traite. M. Petitot indique pour la construction des silos le mode suivant, qui nous semble *surtout applicable dans les grands magasins de consignation* ou dans les grandes exploitations rurales.

Les silos, suivant M. Petitot, établis au dessus du niveau du sol, sur une aire de béton, seraient formés d'une suite de cylindres verticaux, en maçonnerie de briques et mortier hydraulique. La base circulaire de chaque cylindre aurait cinq mètres de surface, la hauteur dix mètres, et la contenance, par conséquent, cinquante mètres cubes ou cinq cents hectolitres.

Les blés seraient introduits dans les silos par des ouvertures circulaires pratiquées à leur partie supérieure, et assez larges pour donner passage à un homme ; elles se fermeraient au nivean du sol du grenier, à l'aide d'une plaque en fonte, hermétiquement lutée. L'enlèvement des blés se ferait à volonté par cette ouverture, au moyen de poulies fixées aux poutres de la toiture, ou par des orifices pratiquées à leurs bases inférieures.

On le voit, le système indiqué par M. le colonel Petitot ne s'écarte pas sensiblement du nôtre. Son auteur y ajoute, au milieu d'un groupe de quatre silos, un cylindre beaucoup plus petit, dans lequel on placerait à diverses hauteurs des matières absorbantes, telles que chaux vive, chlorure, etc., destinées à enlever l'humidité de tous les corps environnans, et par conséquent à assécher les blés récoltés en temps pluvieux. Entassés dans ces cylindres, totalement privés d'air et de lumière, à l'abri de la chaleur et de l'humidité, les blés ne seraient point exposés à la fermentation, que les cultivateurs appellent *échauffement*, qui altère chaque grain dans son essence et sa qualité, et opère dans la profondeur des couches un commencement de décomposition et un dégagement de chaleur humide, principale cause de l'éclosion des larves.

La question de réserve des blés repose tout entière sur la possibilité de les conserver, intacts et sans frais, pendant plusieurs années. C'est un fait qui a vivement frappé M. le colonel Petitot, et sur lequel il insiste énergiquement : nous nous félicitons de nous être rencontré sur une foule de points avec un homme d'un esprit aussi distingué.

Nous devons d'ailleurs faire remarquer que son système n'exclut point la conservation des grains chez les petits cultivateurs, dans des silos de petites dimensions, qui pourraient toujours être établis à peu de frais dans les greniers.

Nous ne pouvons terminer la question des silos, vases clos ou tonneaux, sans recommander ce procédé contre les insectes qui attaquent les lentilles, les haricots, les vesces, les fèves, les pois, les graines de trèfle et les graines grasses, telles que colza, œillette, chenevis, graine de lin, etc. Nous avons la ferme conviction que la privation absolue d'air et de lumière détruirait tous ces insectes malfaisans. Le principe des silos ne s'appliquerait donc pas seulement au blé, mais il conviendrait à toutes les graines alimentaires ou fourragères.

Après avoir énuméré les moyens de faire périr les insectes qui attaquent les blés en grains, nous allons nous occuper des autres insectes nuisibles, et d'abord de ceux qui ravagent le blé en herbe. Pour la destruction de ces derniers, les élémens sont peu nombreux.

VIII.

Insectes détruisant le blé en herbe. — Le *Chlorops*. — Le *Céphus* ou *Aiguillonnier*. — L'*Apion* ou le *Charançon du trèfle*. — Les *Scolytes*. — Les *Hylésines*. — Les *Cossus*. — Les *Hannetons*. — Les *Bombycites*. — Les *Noctuelles*, etc.—La *Pyrale*.—L'*Eumolpe*. — Le *Dacus olœa*. — Le *Puceron lanigère*. — Curieux détails. — La *Muscardine des vers à soie*. — Perte annuelle de quarante à cinquante millions de francs sur la soie. — Insuffisance des moyens recommandés jusqu'à ce jour.

Pour détruire le *Chlorops*, qui attaque la tige du blé près de l'épi, il faut, tant à la seconde ponte qu'à la première, arracher et brûler les pieds envahis par cet insecte. De ces deux opérations, celle-là peut se faire lors de l'échardonnage et du sarclage des blés; celle-ci doit avoir lieu quinze jours ou trois semaines avant l'époque de la moisson. M. le docteur Herpin, qui conseille la dernière, fait observer qu'elle est d'autant plus facile qu'on peut distinguer, même de loin, les tiges atteintes par le *Chlorops*, à cause de leur plus petite taille, du volume plus considérable et de la couleur vert foncé de la tête, enfin parce que l'épi reste toujours engaîné et enveloppé par de larges feuilles.

M. Herpin fait en outre observer que comme les plantes attaquées par le *Chlorops* se trouvent presque toujours situées aux bas côtés des planches ou des sillons, il est facile, en passant entre deux planches, de les atteindre avec la main, d'un côté et de l'autre, sans causer aucun dommage au blé.

Le *Céphus* ou *Aiguillonnier*, qui dévore intérieurement la tige du blé et arrête ainsi le développement de la plante, se loge, à l'automne, dans la partie inférieure du tuyau, près de la racine. On peut facilement le détruire en brûlant les chaumes après la moisson. Ce procédé, très fortement recommandé par les plus savans entomologistes et agriculteurs, notamment par MM. Herpin et Guérin-Menneville, ferait disparaître probablement plusieurs autres larves d'insectes, celles du *Maréchal*, de la *Noctuelle* ou *Cécydomyde*, et des insectes même dont les habitudes sont encore inconnues. Nous pouvons conseiller d'autant plus sûrement l'*incinération des chaumes*, qu'elle est un excitant très puissant et très économique de la végétation; elle est surtout profitable aux terres fortes, qui s'ameublissent et s'amendent par cette pratique aussi simple que peu dispendieuse.

On ne connaît jusqu'ici d'autre moyen de préserver le trèfle des ravages de l'*Apion*, que de couper de bonne heure la plante et d'en faire du foin brun ou de la faire manger en vert, lorsque les pièces de trèfle sont atteintes par cet insecte.

Contre les ravages des *Scolytes*, *Hylésines*, *Cossus*, ces destructeurs de nos forêts, on ne connaît jusqu'ici d'autres préservatifs indiqués par les savans ou par l'expérience, que l'échenillage pour les uns, et l'abattage des bois attaqués et leur prompte carbonisation pour les autres. La prompte carbonisation des bois attaqués ne laisse pas aux larves le temps de devenir insectes parfaits et de se reproduire.

Quant aux *Hannetons*, nous l'avons dit déjà, ce qu'on a trouvé de mieux jusqu'ici, c'est de les tuer après les avoir fait recueillir par les enfans. Nous croyons, nous, que ce moyen pourrait être très efficace si l'on faisait servir les *Hannetons* récoltés à la fabrication des huiles combustibles ; c'est ce qui nous paraît pouvoir être fait facilement. On détruira le *Hanneton* seulement lorsque tout le monde aura intérêt à le faire ; et tout le monde n'y sera intéressé que quand on aura trouvé un moyen de l'utiliser dans une fabrication, comme celle de l'huile combustible. Alors les enfans qui pourront vendre les *Hannetons* aux fabricans d'huile, ne se donneront point de repos qu'ils n'en aient purgé les contrées où ils trouveront à en tirer parti. Ici, comme toujours, l'intérêt particulier stimulé servira puissamment l'intérêt général. Nous n'avons pas besoin de dire qu'en faisant périr le *Hanneton* on préservera aussi toutes les plantes des ravages de sa larve, qui mange les racines pendant les trois années qui précèdent sa transformation.

Contre les ravages des *Chenilles*, *Bombycites*, *Noctuelles*, etc., qui détruisent les arbres des forêts, des vergers, en les dé pouillant entièrement de leurs fruits, de leurs feuilles, on a proposé divers moyens, notamment, pour les insectes qui se tiennent sur les arbres fruitiers, l'immersion des chenilles par l'eau de savon : il ne paraît pas qu'on ait obtenu de l'emploi de ce procédé des résultats très satisfaisans.

Le plus sûr moyen de destruction des chenilles, c'est encore l'*échenillage* tel qu'il avait été ordonné par un arrêt du Conseil du 4 février 1732, renouvelé en 1777 et en 1786, et enfin par la loi du 26 ventôse an IV.

Malheureusement, cette loi, fort insuffisante, sans aucun doute, n'est pas même exécutée. Elle prescrit aux propriétaires, locataires ou fermiers, de faire écheniller les lieux dont ils disposent, et brûler les bourses et les toiles des chenilles, afin d'anéantir les pontes. Nous éprouvons le regret de dire que l'administration forestière, aux environs de Paris du moins, n'exécute pas la loi en ce qui la concerne : les bois de Vincennes, de Boulogne, la forêt de Saint-Germain, sont dévorés par les chenilles, et cet état de choses n'est pas moins préjudiciable aux propriétés voisines qu'à celles de l'Etat même.

Le bois de Boulogne surtout, dans certaines parties, est si complétement dépouillé de ses feuilles, qu'au mois de juin de cette année, il offrait exactement l'aspect des forêts au mois de février.

Les chenilles ne pouvant y trouver une pâture suffisante, vont sans doute périr par la famine; et peut-être le bien pourra naître de l'excès du mal.

Il est vivement à désirer qu'une prompte exécution de la loi par l'administration forestière, vienne donner à l'échenillage en général une salutaire impulsion et arrêter les ravages d'un fléau qui menace nos richesses forestières de pertes désastreuses. Alors, et aussitôt que cette administration aura elle-même exécuté la loi, l'autorité pourra facilement exiger des particuliers qu'ils suivent l'exemple qui leur aura été donné, et déployer sur ce point une sévérité proportionnée à l'importance des dommages à prévenir. Faute par l'administration d'agir ainsi, on peut croire que bientôt les feuilles de nos bois ne suffiront plus à la nourriture des chenilles.

La vigne, cette source féconde de richesse pour l'agriculture et le commerce français, est attaquée par un grand nombre d'insectes, parmi lesquels l'*Eumolpe*, appelé aussi l'*Écrivain* ou le *Gribouri*, et surtout la *Pyrale* se placent au premier rang.

Pour faire périr l'*Eumolpe*, on a indiqué le dépôt dans les vignes, au commencement de l'hiver, de petits amas d'étoupe, sous lesquels l'insecte va se réfugier, afin d'échapper au froid. Il suffit ensuite d'enlever plus tard ces paquets d'étoupe avec précaution et de les brûler, pour anéantir tous ceux des insectes qui s'y sont abrités.

Il paraît que dans des pièces de vignes, closes de murs, des propriétaires sont parvenus à détruire l'*Eumolpe* en y plaçant des poules avec leurs couvées de poussins.

On a conseillé, pour la mort ou pour l'éloignement de la *Pyrale*, la plantation dans les vignes d'un certain nombre de pieds de chanvre. On nous affirme que ce moyen a donné des résultats satisfaisans. Toutefois, nous ne sommes pas en mesure d'en garantir l'efficacité; nous ne pouvons qu'en conseiller l'essai, et nous le faisons d'autant plus volontiers, qu'il ne peut nuire en aucune façon à la vigne, et qu'il ne nécessite aucune dépense. Un autre motif, d'ailleurs, nous porte à le recommander : parmi les procédés qui pourront être utilisés pour chasser ou détruire les insectes nuisibles, l'emploi des odeurs fortes, des plantes aromatiques, nous semble devoir, ainsi que nous l'avons déjà dit, attirer particulièrement l'attention des praticiens et des savans. On ne peut douter que dans l'immense variété des plantes existantes, il ne s'en trouve qui soient fortement antipathiques à certains insectes. Il doit y avoir là des élémens très féconds de succès pour la solution du problème qui nous occupe.

A la suite de la publication faite par M. Audoin d'un Mémoire fort intéressant sur l'existence et les habitudes de la *Pyrale*, M. Raclet a imaginé et proposé un procédé *d'ébouillantage des ceps*. Ce procédé a été expérimenté en grand et paraît avoir produit les plus heureux résultats dans les départemens de Saône-et-Loire et du Rhône, où il est aujourd'hui universellement pratiqué. Nous avons sous les yeux un rapport de la Société d'agriculture de Lyon, qui le recommande aux viticulteurs de la manière la plus pressante, et en garantit positivement la complète efficacité.

Nous regrettons d'avoir à dire que l'inventeur de ce procédé, après l'avoir livré gratuitement à la publicité, est mort sans avoir obtenu la récompense que lui méritait son importante découverte. Ainsi va le monde! Les inventeurs de fastueuses futilités réalisent souvent de brillantes fortunes, et Vicat, après avoir donné des millions à la France par l'invention des mortiers hydrauliques, peut obtenir à grand'peine une chétive pension! Philippe de Girard, l'inventeur de la filature mécanique du lin et du chanvre, meurt en 1845 sans avoir obtenu aucune récompense, pas même la croix de la Légion-d'Honneur!

Ces ingratitudes sont la honte de notre temps. Espérons que le gouvernement de Louis-Napoléon, jaloux de s'associer à toutes les gloires de la France, de récompenser tous les services, d'honorer tous les mérites, saura mieux reconnaître et rémunérer les auteurs des découvertes vraiment profitables à l'humanité.

Contre les ravages du *Dacus olœa*, qui détruit en moyenne au moins un quart de la récolte annuelle des olives, M. Guérin-Menneville a trouvé un procédé dont paraissent avoir fait usage, avec un très grand succès, les propriétaires d'oliviers, non-seulement en France, mais encore en Italie et en Piémont. Ce procédé est fort simple : il consiste, lorsque les oliviers sont fortement attaqués, à avancer de quelques jours la récolte, en recueillant les olives avant leur complète maturité. Or, comme la ponte du *Dacus olœa* n'a lieu qu'à l'époque où les olives sont parfaitement mûres, on préserve ainsi les fruits non encore atteints, et, en outre, on empêche la reproduction de l'insecte : sa postérité est tuée en germe au grand bénéfice de la récolte qui doit suivre.

Voici un petit insecte, un imperceptible insecte, devrions-nous dire, connu en France seulement depuis 30 ou 40 ans, dont la vie et le développement offrent à l'observateur les plus curieuses particularités. Le *Puceron lanigère*, comme nous l'avons déjà dit, est un petit coléoptère (insecte revêtu d'une sorte de cuirasse semblable à peu près à celle du *Hanneton*), dont la fécondité déplorable a quelque chose de vraiment miraculeux. Il vit en société sur les pommiers, dont il suce la sève. La femelle, à l'automne, dépose *ses œufs* sur les jeunes branches des arbres, et les entoure d'un petit duvet blanc, qui lui a fait donner son nom de *lanigère*. Au printemps, ces œufs éclosent et donnent exclusivement naissance à des femelles, qui viennent au monde toutes fécondées. Cette seconde génération, au lieu de pondre des œufs, met au jour un nombre considérable de femelles toutes formées, qui donneront plus tard naissance, de la même manière, à d'autres encore. Cinq ou six générations de femelles se reproduiront ainsi pendant le cours de la belle saison. Les mâles ne naissent qu'en dernier lieu, à l'automne, en nombre égal aux femelles de la dernière génération.

On a calculé que, dans le cours d'un été, une seule femelle suffit pour procréer un milliard, et peut-être plus, d'insectes de son espèce.

Le *Puceron lanigère* attaque et détruit surtout les pommiers; il cause par ses piqûres nombreuses une perte considérable de sève. L'hiver, il se retire sur les branches de ces arbres. Le seul moyen indiqué pour le détruire, consiste à laver la plante avec un lait de chaux. Mais nous avons tout lieu de croire, d'après notre propre expérience, que l'efficacité de ce procédé n'est nullement démontrée : on peut même la considérer comme nulle. Il est d'autant plus important de rechercher des moyens sûrs contre les ravages de cet insecte, qu'il détruit tous les vergers, et que déjà certaines espèces de pommiers préférées par lui ont presque entièrement disparu.

Bien qu'il ne s'agisse point d'un insecte nuisible, mais d'une maladie qui fait périr un insecte utile, nous ne croyons pas nous écarter de notre sujet, en parlant ici de la *Muscardine des vers à soie.*

La production de la soie constitue pour la France une industrie importante à tous les points de vue. L'élève des vers à soie fournit du travail à des populations nombreuses et intéressantes; c'est une industrie qui, exercée dans un grand nombre de chaumières, est éminemment favorable au développement de la moralité humaine, au resserrement des liens de la famille.

Au point de vue commercial et industriel, la production de la soie n'est pas moins importante. Elle fournit du travail et des salaires à des centaines de milliers d'ouvriers; elle est même devenue un élément de commerce extérieur considérable depuis plusieurs années (1). Enfin, sa production qui en 1839 était estimée à un million 600 mille kilog., d'une valeur de 88 millions de francs, dépasse certainement aujourd'hui 120 millions de francs, et s'élèverait à un chiffre bien supérieur, si la ***Muscardine***, dont les ravages sont évalués par M. Guérin-Menneville à 40 millions de francs, par M. Focillon, à 30 millions, et par d'autres

(1) Les exportations de soies françaises se sont élevées en 1844 à 8 millions de francs, en 1845 à 7 millions, en 1846 à 6 millions 1/2, en 1847 à 6 millions, en 1848 à 15 millions, en 1849 à 8 millions.

L'importation en France des soies étrangères s'est élevée, en 1844 à 61 millions de francs; en 1845, à 65 millions; en 1846, à 77 millions; en 1847, à 76 millions; en 1848, à 39 millions; en 1849, à 97 millions.

Dans la nomenclature des objets importés en France de l'étranger, la soie occupe le deuxième rang, elle vient après le coton; celui-ci prend 14,7 pour cent du total de nos importations en valeur, et la soie 12,5 pour cent.

Dans nos exportations, la soie occupe le dixneuvième rang. Elle prend 0,8 pour cent du total de nos exportations en valeur. Les tissus de soie occupent le premier rang; ils prennent 17,5 pour cent de la valeur totale de nos exportations; les tissus de coton n'en prennent que 15,7 pour cent.

entomologistes à 50 millions, ne venait pas limiter la production de la soie et en entraver le développement.

M. Guérin-Menneville, à qui la science et l'agriculture sont redevables de nombreuses et d'importantes recherches, paraît avoir découvert des moyens efficaces d'arrêter les ravages de la *Muscardine*. Nous faisons des vœux pour que ce laborieux savant trouve l'aide et l'appui qui lui sont nécessaires afin que ses travaux ne demeurent pas infructueux.

Des travaux et des recherches de cette nature ont-ils été jusqu'à ce jour suffisamment encouragés par l'administration ? Nous devons reconnaître avec douleur qu'il n'en est rien, et nous nous bornerons cette année à exprimer les vœux les plus ardens pour un changement complet à cet égard dans les habitudes administratives.

IX.

Maladie des pommes de terre. — Excellens moyens proposés par M. Carlier. — L'oïdium Tuckeri, ou maladie de la vigne. — Moyens de la combattre. — Saupoudration de fleur de soufre.—Lotions d'hydro-sulfate de chaux, proposées par M. Grison.—Emploi d'autres procédés.—Principe général pour la destruction des insectes. — Chaque plante a son parasite. — Variété des cultures. — Conclusion.

Un administrateur habile, connu de toute la France, M. Carlier, ancien préfet de police, qui s'est occupé d'agriculture avec succès, a indiqué un moyen simple de préserver les pommes de terre de la maladie qui, depuis plusieurs années, atteint ce tubercule, et réduit, dans des proportions alarmantes, les ressources alimentaires de tous les peuples de l'Europe. C'est en 1848, à Thorigny, département de l'Yonne, que M. Carlier s'est livré aux expériences suivantes, dont nous recommandons la pratique aux cultivateurs.

Ayant appris par les instructions de M. Payen, le célèbre chimiste, que la pomme de terre est un des légumes qui contiennent le plus de potasse, M. Carlier a établi ses expériences sur cette donnée, et il a parfaitement réussi à préserver ses plantations de la maladie,

1° En entourant ses pommes de terre

d'un peu de cendre au moment de la plantation ;

2° En choisissant pour cette culture un terrain fumé depuis plusieurs années, plutôt qu'un terrain fumé récemment ;

3° En plantant des pommes de terre hâtives de préférence aux pommes de terre tardives ;

4° En évitant les terrains humides ou gras.

Les trois derniers des moyens indiqués se justifient par l'expérience et peuvent être vérifiés seulement par elle. Le premier se prouve tout à la fois par l'expérience et par le raisonnement. La pomme de terre est une plante qui contient beaucoup de potasse, *qui aime la potasse* pourrait-on dire. Or, comme la cendre en contient une grande quantité, en donnant de la cendre à la plante, on fournit à celle-ci son élément naturel.

Le procédé de M. Carlier, indépendamment de la garantie qui résulte du nom et de l'aptitude de son inventeur, est encore recommandé par d'habiles agriculteurs. Il n'est ni embarrassant, ni difficile, ni dispendieux dans la pratique. On doit s'empresser d'en faire l'essai, d'en vérifier l'efficacité, et celle-ci, une fois reconnue, l'application en sera bientôt généralisée. Ainsi disparaîtrait un fléau qui a causé partout de cruelles souffrances et qui a produit en Irlande d'épouvantables désastres.

La maladie qui, depuis quelques années, a frappé la vigne cultivée en plein champ, après s'être d'abord manifestée dans les jardins et dans les serres, est encore bien peu connue, au moins dans ses causes; car ses effets n'ont rien d'obscur ni de douteux : c'est une destruction complète du bois, de la feuille et des fruits des plants attaqués.

On attribue la maladie à l'existence d'un *Champignon microscopique* ou *Sporule*. Ce champignon paraît pouvoir être combattu avec quelque succès, dès le début de la maladie, au moyen d'une saupoudration de fleur de soufre sur les plants attaqués. M. Grison, jardinier-chef au potager de Versailles, paraît avoir obtenu aussi des résultats très salutaires de l'emploi de lotions d'hydro-sulfate de chaux sur les plantes altérées.

Ce procédé, très économique et fort facile, qui a été approuvé par les Sociétés d'agriculture et d'horticulture du département de Seine-et-Oise, consiste simplement à mouiller, à l'aide d'une seringue à l'usage des serres, toutes les parties des plantes avec de l'eau chargée d'hydro-sulfate de chaux.

«Pour faire cette mixtion, dit M. Grison, on emploie 250 grammes (une demi-livre) de fleur de soufre et un volume, égal en grosseur, de chaux fraîchement éteinte; on fait de ces deux matières une bouillie assez épaisse, on ajoute ensuite trois litres d'eau et l'on fait bouillir le tout dans une marmite en fonte ou en terre vernie, pendant dix minutes, en ayant soin de remuer; puis on laisse éclaircir et on tire à clair cette eau ou hydro-sulfate de chaux, qui peut se conserver plusieurs mois en bouteille.

» Lorsqu'on veut s'en servir, on verse un litre de cette préparation dans cent litres d'eau pure, on remue pour mêler, puis on asperge.

Avec 100 litres on peut mouiller 150 mètres superficiels d'espaliers.

» Il y a une très grande économie sur la fleur de soufre, qui est un des meilleurs moyens connus jusqu'à ce jour.

» En effet, avec 15 centimes de soufre on fait trois litres d'hydrosulfate de chaux, ce qui donne ensuite, par le mélange, 300 litres d'eau assez saturée de chaux et de soufre pour détruire le *Champignon;* quant à la valeur de la chaux, elle coûte si peu de chose qu'il serait difficile de la faire entrer en compte.

» Sous le rapport de l'emploi, ce traitement offre plus de facilité que la saupoudration de la fleur de soufre ; seulement il est nécessaire de répéter l'opération deux ou trois fois, avant la floraison, et une seconde fois lorsque le raisin est noué. Ces deux opérations doivent suffire pour détruire le *Champignon;* on ne ferait une troisième opération qu'autant que l'*Oïdium* reparaîtrait, ce qu'il faudra observer attentivement, car il est beaucoup plus facile à détruire à sa naissance. »

D'autres procédés encore ont été employés avec succès. Ainsi, au lieu de faire bouillir la chaux et le soufre dans l'eau, on se sert du mélange à froid, ce qui présente l'avantage d'une préparation plus simple, surtout lorsqu'il s'agit d'opérer en grand.

On obtient les mêmes résultats avec le sulfure de calcium, qu'on fait dissoudre dans l'eau en très faible quantité, et aussi, paraît-il, avec le sulfate de fer, qui est vendu à très bas prix dans le commerce.

On sait que déjà, dans plusieurs contrées, le sulfate de fer est employé pour préserver de la carie les graines de semence.

Dans tous les cas, les conditions d'une bonne réussite sont : 1° d'employer les liquides ou mélanges, quels qu'ils soient, très peu chargés des substances qu'ils tiennent en dissolution, sans cela ils pourraient nuire à la végétation de la plante malade, au lieu de la guérir ; 2° de ne pas faire de trop fréquentes aspersions : une seule suffit à faire disparaître l'*Oïdium* pendant plusieurs semaines ; 3° d'opérer les aspersions dès qu'on aperçoit les premiers filamens blanchâtres du *Champignon* ou *Sporule*. Si l'on attend quelques jours, on peut bien encore le détruire, mais le mal qu'il a pu causer est sans remède.

Nous avons terminé l'énumération des préservatifs de nos richesses agricoles, c'est-à-dire de ceux qui nous sont connus. Notre intention étant de consigner dans un travail aussi complet que possible tous les élémens de destruction des plantes et insectes parasites nuisibles à l'agriculture, nous prions les personnes qui nous font l'honneur de nous lire et que cette importante question intéresse, de vouloir bien nous adresser tous les renseignemens qui pourraient nous aider dans notre travail : ils seront reçus par nous avec reconnaissance.

Parmi les divers moyens indiqués par la science pour combattre les insectes destructeurs, il en est un qui nous paraît devoir être recommandé particulièrement, parce qu'il repose sur une observation positive, sur un principe certain.

En général, chaque plante est altérée, dévorée, par son parasite spécial. Le *Cé-*

phus, *l'Aiguillonnier*, le *Chlorops*, n'attaquent point la luzerne ou le trèfle; l'*Apion* n'attaque point le seigle ou le blé, etc. Il résulte de là qu'en variant les cultures, les ensemencemens d'une année à l'autre, la larve éclose au printemps sur un terrain dont la culture est changée, n'y trouve point son aliment nécessaire ni la possibilité de satisfaire à ses habitudes, et meurt sans avoir pu se reproduire.

Alterner et varier les cultures, dans les limites du possible, est donc au nombre des moyens les plus efficaces pour la destruction ou la diminution des parasites nuisibles à l'agriculture. Mais ces moyens, que nous avons indiqués dans ce chapitre et les précédens, ne doivent pas, ne peuvent pas être les seuls.

Il est impossible que la science et l'observation n'aient pas leur mot à dire sur un sujet qui intéresse à un si haut degré les populations. C'est au Pouvoir, chargé de veiller à la sûreté sociale, à l'aisance, au bien-être, à la conservation des moyens de subsistance de tous, d'interroger à la fois la science et l'esprit d'observation et de les faire parler. C'est donc plus que jamais le cas d'offrir des récompenses, en rapport avec l'importance du but à atteindre, aux auteurs des découvertes utiles qui pourront être faites dans cette direction.

TABLE DES MATIÈRES.

—o—

www.ingramcontent.com/pod-product-compliance
Ingram Content Group UK Ltd.
Pitfield, Milton Keynes, MK11 3LW, UK
UKHW020554180726
13838UKWH00001B/231

9 782329 488752